在吃苦的年纪，做拼命努力的自己

别在该吃苦的年纪选择安逸

月印万川 / 编著

吉林出版集团股份有限公司

图书在版编目（CIP）数据

别在该吃苦的年纪选择安逸 / 月印万川编著 . —— 长春：吉林出版集团股份有限公司，2019.1

ISBN 978-7-5581-6207-7

Ⅰ . ①别… Ⅱ . ①月… Ⅲ . ①成功心理 – 青年读物 Ⅳ . ① B848.4-49

中国版本图书馆 CIP 数据核字（2019）第 019393 号

BIE ZAI GAI CHI KU DE NIANJI XUANZE ANYI
别在该吃苦的年纪选择安逸

编　　著：月印万川
出版策划：孙　昶
责任编辑：颜　明
装帧设计：韩立强
封面供图：摄图网
出　　版：吉林出版集团股份有限公司
　　　　　（长春市福祉大路 5788 号，邮政编码：130118）
发　　行：吉林出版集团译文图书经营有限公司
　　　　　（http://shop34896900.taobao.com）
电　　话：总编办 0431-81629909　营销部 0431-81629880 / 81629900
印　　刷：天津海德伟业印务有限公司
开　　本：880mm×1230mm　　1 /32
印　　张：6
字　　数：150 千字
版　　次：2019 年 1 月第 1 版
印　　次：2021 年 5 月第 3 次印刷
书　　号：ISBN 978-7-5581-6207-7
定　　价：32.00 元

印装错误请与承印厂联系　　电话：022-82638777

前言

　　奋斗是年轻的主题，年轻是理想的载体。但现在好多人都忽略了这一点，每一天都浑浑噩噩、庸庸碌碌地活着，在最该吃苦的年纪，他们选择了安逸，那么未来便不可期。很多人羡慕成功人士的无限风光，甚至嫉妒富二代奢侈、富足的生活，每天幻想着自己能拥有安逸，不用辛苦奋斗的滋润生活。

　　你还那么年轻，在那么耀眼的年纪里，你不去冒险，不去拼一份奖学金，不去挑战工作中的未知，不去为未来打拼。而是一边刷着朋友圈，逛着购物网站，一边畅想一毕业就拥有一份高薪职位，一进公司就会得到上司的赏识升职加薪。幻想总是很丰满，现实总是很骨干。当你寻觅一份高薪稳定、又不要加班的工作时，要知道，"从来没有一种工作叫钱多、事少、离家近"。付出多少，才会获得多少。那些成功人士的确是耀眼夺目，但他们背后付出的辛苦，经历的挫折，却鲜有人看到。

　　最珍贵的从来不是财富，而是努力拼搏后获得的自信与成功。千万别在最该吃苦的年纪，选择了安逸。趁你现在年轻，有激情，有魄力，有失败的资本，放手搏一把，让人生从此与众不同。

青春是一个人一生当中最炫彩的一段时光，充满激情、彷徨、拼搏、茫然……亦是决定一个人未来发展的关键几年。如果此时你选择安逸，未来你只好用辛苦、挫败来偿还。如果你努力打拼，收获的一定是充实的成就感和幸福感。

　　要知道，成功的路上会有无数障碍和困难，只要有一个问题不解决，就很可能前功尽弃。浮躁不仅会让人急功近利，而且容易让人走向迷途。

　　别在最该吃苦的年纪选择安逸，生命不会重来，要过就过自己内心最渴望的那种生活。这是一本让年轻人找到方向和力量的图书，告诉读者该如何在年轻时奋斗，打造属于自己的未来，但是不以空洞的激励为主，而是贴近生活，引起读者共鸣。不管我们愿不愿意承认，这个世界永远都在改变，也许明天的社会，就不再适用你我熟悉的生存法则，如果我们仍然用原来的知识和经验去适应全新的竞争格局，那只会让我们活在自我的世界中止步不前。年轻人就要勇敢做自己，轰轰烈烈活得彻底，在跌跌撞撞中遇见真理——生活本身已够残酷，就让我们将春天还给大地，不畏艰辛砥砺前行，将人生还给自己。

目录

2

第七章 DIQIZHANG

将来的你，会感谢现在吃苦的自己

第一章

DIYIZHANG

青春就是拼了命，尽了兴

迎难而上，留点期待给自己

无论生活如何，我们总得抬着头往前走。高楼再灰暗，但总会有阳光穿透过来。那些光，会把失意的生活变成诗意的希望。

3 年前，我在咖啡馆里遇见一个头发银白的外国老太太。她叫特瑞丝，来自新奥尔良。特瑞丝说自己退休以后就在外面旅行，我想，她的旅行一定是去欧洲小镇度假或海岛悠闲地晒着阳光浴。

老了退休了不正是需要这样的日子吗？安逸而清闲，在阴凉的庭院里拾花弄草，喝着下午茶，听着音乐，看年轻时没有时间看的书。如果旅行也不至于太折腾自己才对。可是当她拿出自己的旅行风景照时让我大跌眼镜。

她去的地方大多是沙漠、高原、原始森林，照片里尽是黄沙、悬崖和苍凉。她站在撒哈拉的沙漠上，身后是一轮通红的沙漠落日，她的银发在照片里闪光。在亚马孙的雨林里，她手里提着半人高的不知名的鱼笑得很开心。

哪里有什么海岛、沙滩、小镇别墅。

我一时惊叹，脱口说："您这么大的年纪还能去这样的地方？"

别在该吃苦的年纪选择安逸
Biezaigaichikudenianji Xuanzeanyi

　　她笑了笑，一本正经地对我说，年纪和生活的状态没有必然的关系。

　　的确，没有人逼她走向荒漠，是她自己寻着去的，不是为了证明什么，只是她觉得自己还可以走，还可以到处看一看，于是就背起包走了。

　　特瑞丝说，她一直就想当个旅行家，年轻的时候因为工作的关系没有机会，但现在不用工作，有机会了，就开始实现一直以来的梦想。

　　她说，不管从什么时候开始，只要迈出了脚步就为时不晚。

一个满头银发的老太太还在为了理想上路，我们又有什么资格不努力。努力其实并不那么难，只需要闭上找借口的嘴，从外界的诱惑中收回目光，从浮躁和五分钟热度中沉淀下来，然后给自己一个信仰，相信总有一天你会成为你想要成为的那个人。因为心中有念想的人即便走得慢一些，即便最后走不到终点，也总不会迷茫。

你要相信，自己的肩膀总有一天可以承担未来，这样，在幸福降临时，你才有能量来迎接它。

你要相信，那些爱过的人，受过的伤，错过的桥都是必要的，它们把你变成这个世界上最独特的人。

你要相信，那些最难到达的地方，那些需要一直奋斗才可获得的事物，才最值得花时间坚持和等待。

你要相信，最难办到的事有时候是最好的事。

你要相信，对自己坚持的事情热忱，美好的事情就会慢慢降临。

你要相信，生命最精彩的地方永远是自己成就的，而不是靠别人取得。

邻居是一个相貌并不出众的姑娘。她家境并不富裕，同一件褪色的粉色棉衣穿了整整一个冬季，却一直干净整洁。19岁那年，她和我一起考上大学，她的父亲给了她一万块钱，说这是家里全部的积蓄，今后的一切需要她自己来扛。以我那时的眼界来看，这真是人生最痛苦的事，那些钱如果不算生活费的话，只够一学年的学费。

在我的印象里，她一直是一副怯怯的表情，见到陌生人总是不知所措的样子。可就是这样的姑娘，学校报到的第二天就开始打听兼职打工的活儿，第三天也不知从哪里找到了发传单的活儿，向表情木然的行人一次次伸出热切的手，又一次次被拒绝。我不知道当时她是用什么说服自己克服了自卑与恐惧，才能把这些事情一直坚持到第一个学年结束。

这一个学年她打了3份工以贴补每月的生活费，没有落下一门功课，学期末还拿到了校级的奖学金，第二学年的学费有了着落。

第二学年，学校的功课重了起来，可是四六级考试，各种证书，以及最后学年的奖学金依然属于她，兼职打工她也一刻也没有停下。偶然在校园里遇见她，只觉得她似乎每一分钟都在计算着下一分钟要做些什么，仿佛一停下她的生活就会崩溃。

她曾经话很少，但渐渐地变得开朗起来，谈吐也落落大方，她还参加了学校里最大的实践社团，比谁都热衷于参加社团活动。大三那年她会化一点淡淡的妆，她成了班级里最早找到实习工作的人。大四那年大家都在为工作焦头烂额的时候，她从容地进了一家广告公司做策划。

毕业典礼那天，她作为优秀毕业生代表发言。她说，父亲拿出1万块钱说这是4年全部的学费和生活费时，她就告诉自己绝不能让自己的人生止于此。因此这4年她规定自己每一天都要有成长，每一天都要有收获。因为她不想以后成为为钱发愁的人，不想一辈子辛苦，她想出类拔萃，想优秀到可以做自己想做的事。她有梦想，所以一直努力，一直坚持。

有些人把自己的生活过成了一条河，一直不断向前奔，遇到转弯的地方就变成泥沙沉淀下来，永远无法到达海洋。其实遇到转弯我们需要的不过是一点坚持，一点希望。

电影《肖申克的救赎》里被判无期徒刑的瑞德说，希望是世界上最美好的东西，是人间至善所在。在那所高墙里，所有的异动都无法存在，只有希望不灭。

其实希望一直在我们心里，当我们遇到生活的不公，也许一颗怀抱着希望的平常心能让我们在黑暗里从容地找到通往前方的大路。

表舅家的小姑娘，24岁，在一家外资公司任职。表舅家世代都是农民，表舅妈在小姑娘3岁的时候摔伤了脊柱，再也没能下床。小姑娘为早点给家里经济上一些支持，毕业时推掉了导师推荐保研的机会，进了现在的公司。这个没有任何销售经验，性格内向的农村姑娘硬是在公司里上演了一出现实版的杜拉拉升职记。

她并不是没有绝望过，放弃研究生机会的时候，来到人生地不熟的大城市的时候，销售方案被否定的时候，和公司同事的偏见对抗的时候，被人际间的钩心斗角伤害的时候，一个月里没有一笔订单的时候，每次想到家里，想到父母的时候，她都觉得生

别在该吃苦的年纪选择安逸
Biezaigaichikudenianji Xuanzeanyi

命艰难而孤独。可是她最终还是撑了下来，笑脸迎人，同事下班了，她还在给客户打电话。为做一个出色的营销策划案，她加班到深夜，直到保安拉了整层楼的电闸赶她走。她说自己一定能成为一个出色的销售，一定可以做出最好的营销策划案。

小姑娘独自在外，没有人帮，但每一个真正扛得起生活重担的人都是自己一个人咬牙挺过来。挺过来了就一切都不一样了。无论生活如何，我们总得抬着头往前走。高楼再灰暗，但总会有阳光穿透过来。那些光，会把失意的生活变成诗意的希望。

一切的知识都是徒然的，除非你有了希望。因为这点念想，我们就有勇气咬牙蜕变，所有的不安也将在这样的念想里落了地。就像《永不妥协》里的单身母亲一样，没有工作，没有存款，在最倒霉的时候只有更倒霉的事情找上门，但生活只要有一线希望她就不会妥协。所以对自己说，在最困难的时候也要坚强地对待生活，认真地对待自己。不怨天尤人，不歇斯底里。告诉自己可以哭，可以弯下腰去把尊严放下，但即使自尊被踩碎也要重新站起来继续出发，永不妥协。

要相信努力的意义，相信无论生活多么艰难，美好的东西都不会消失，太阳会照常升起，无论过去还是将来，一切苦痛都会过去。

有梦就去追，哪怕披荆斩棘

当你走出来看过世界以后，你的能量将会被无限放大，吃过苦、摔过跤、体会过无人可以依靠的生活后，你的成长足以让你面对大部分问题。

小林来自重庆，性格非常爽朗，各种笑话信手拈来，反应速度极快，聚会时她能将一直疯疯癫癫的另一朋友直接呛得哑口无言。可是她鲜少提起自己的过去，如果有人问，她就会反问一句：你猜？

没有人猜到，于是打个哈哈就过去了。

有一天，我整理电脑资料，将以前采访的资料归类，尤其以时政类为主，满屏的"XX大会精神总结""第X届活动流程"。小林凑在一边看，没头没脑冒出一句：我以前经常写这种材料，要疯掉！

我很好奇，小林实在不像能写这种八股文材料的性格——要是她坐办公室，突然传出那震耳欲聋的爆笑声会吓死隔壁大姐，平时和领导说话直接上手拍肩，估计第二天就被开了。

可是事实真相是，小林不仅曾经是个公务员，还是部门里的小骨干，平时接待外宾，翻译外事材料都是她的活儿。

小林考试运一直颇佳，高考考进重点院校的外语系，毕业后顺利考上公务员。大部分时间都是写材料，隔三岔五总结一下最新精神，还得用各种词汇来描述内心感受。

时间一久，整个人都空了。

小林觉得无聊，办公室的白色办公桌无聊，领导发言无聊。无聊每天吞噬着自己的骨头，小林在工作第三年开始写日记，有时不知道写什么，整张纸用笔深深地割出四个字：浪费生命。

那时候每天下班会和同事一起坐班车，其他人坐在一起讨论家庭、孩子、办公室八卦，小林一个人坐窗边玩手机。刷网页时，忽然看到一篇关于国外打工的攻略。

她久久望着结尾那句话：现在就上路吧。

小林辞职没有费多大事，虽然父母有犹豫，但是小林的坚持最终还是让他们放了手。

出国以后小林曾被行政单位生活压抑许久的热情全都爆发出来，她尝试所有疯狂的事情：一路搭陌生人的便车，去跳几十米高的瀑布，没钱了直接敲门询问好心人能否收留她一晚……

生活一下子变得尽兴了，每天都迸发出火花。她一路找不同工作：在餐馆蹲四五个小时洗盘子，去果园背三十几斤重的筐子摘苹果，去给西班牙人做英语导游，甚至还在跳蹦极的地方帮游客拍落下去瞬间的惊恐照。

小林以前出去游玩照的相，都是站得直直的，抿嘴矜持微笑着，现在却是各种凌空跳跃和咧嘴大笑。最初几个月，每次联系都会反复问"辞职后悔吗"的严肃父亲，后来也渐渐开起她的玩笑：看你这脏的，和猴子一样，还嫁得出去不。

今年 1 月，准备回国的前一天，小林在微博上写下这样一段话：如果没有经历过，不知道自己原来有这么大的能量，现在的我真棒！

下面有个网友的留言，言辞间有些质疑：那你还不是得回国，还能找到像以前那么好的工作吗？

小林并没有回复他，因为类似的话早已听过无数。

在路上，我们渐渐明白一个道理，当你走出来看过世界以后，你的能量将会被无限放大，吃过苦，摔过跤，体会过无人可以依靠的生活后，你的成长足以让你面对大部分问题。

一个人也要过得精致温暖

不要因为一个人，就放弃做你想做的事，放弃过更好的生活。哪怕只是看一部电影，开始一段旅行。

一个人。

这真是意味深长的三个字。

意味深长之处在于，一个人的时光和生活是好是坏，全在一念之间。

太多的人不知道怎么过好一个人的生活，所以日剧《孤独的美食家》，美食短篇《一人食》，人气高得令原创作者都始料未及。孤独的进食方式，不孤独的食物美学，似乎是形单影只的都市人最需要的正能量：一个人也要好好吃饭，一个人也要过得精致温暖。

多么治愈人心。

看着他们将一个人的日子过得这样滋润自在，你会觉得"孤独""寂寞"这些词看起来也不那么可怕了。

为什么不呢，假如你真的是一个人，那就骄傲地宣称自己过着一个人的生活，并且享受着奢侈的孤独。

网上曾有人制作了一个孤独等级表，将孤独的程度分成好几级，譬如第一级是一个人逛超市，第二级是一个人去快餐厅……直到最后几级：一个人去游乐园、一个人搬家、一个人动手术，一路看下来，感觉越来越凄惨，但结果也只是引来无数人的自嘲：这就是我的真实生活写照。

这自嘲背后透露出的意味似乎是：谁想孤零零一个人呢？可是没办法呀。既然没办法，那就只能一个人把日子过好，一个人去做所有的事。就算看起来凄凉，也好过为此悲观绝望。

无数人对孤独的自嘲加起来，变成一场安慰孤独的狂欢。你看到这世上还有人和你一样，宁缺毋滥，仍然在等待着一个对的人走进你的生命。你看到大家都和你一样，一个人坚强，一个人脆弱，一个人向往梦想，为未来奋斗，会觉得孤单也没什么不好。

骄傲也好，自嘲也罢，总算都是接纳。可惜这世上总有人视"一个人"为洪水猛兽，避之不及，并且还以此要求身边的人。

某位同事，20出头的小姑娘，资深吃货一枚，最头疼的事情就是一个人去吃饭时遇上熟人。原本，她喜欢四处寻觅美食，因为找不到和她口味喜好相同的人，大多数时候都是一个人，本来她自己不觉得有什么问题，但身边的人总是大惊小怪，所以她总会尽量避开熟人常去的餐厅。

一次朋友送了一张高级日料的优惠券给她，她加班后独自去吃，谁知遇上同事和同事的男友。两人吃完正要离开，看到她，过来打招呼，问她："你的朋友还没到？"两人都理所当然以为她是约了朋友一起过来。

她不擅长撒谎，实话实说是一个人。

两人立刻眼睛都睁圆了："怎么一个人来吃呢？可惜我们已经吃完了，不然可以陪你一起的……"然后两人满脸遗憾同情地走了。

小姑娘本来吃得很自在，此时面对一桌子美食，忽然就没了胃口。

一个人，有什么不好？

从来不觉得"一个人享受美食""一个人享受时光"是件需要感到羞耻的事。

有人陪伴当然很好，两个人或者多个人在一起的乐趣，一个人的时候无法体会。但独处的乐趣，也同样真实。

两年前，李安的《少年派的奇幻漂流》上映时，我一个人去看夜场。在影厅里，身边无人打扰，透过 3D 眼镜看着巨大荧幕上波澜壮阔的大海和在暴风雨中嘶吼的少年，我深深被震撼，几乎热泪盈眶。

出来已过零点，打车回家。司机问我怎么这么晚了一个人在外面，我当时还沉浸在少年派的世界里，随口告诉他去看电影了。他听了居然竖起大拇指，一个人去看电影，姑娘，好样的。分不清他是真心夸赞还是刻意调侃。

接下来，他开始絮絮叨叨，一个女孩子家，这么晚了不安全，以后不要这样了，看电影可以早儿点去看……

我安然靠在车后座上，一边听着他的唠叨，一边望着窗外微笑，那是一个滴水成冰的寒冷夜晚，我却觉得很温暖。

常常和朋友、恋人一起去看电影，也常常一个人。在有想看的电影却和朋友、恋人时间配合不上，或者在我认为某些电影更适合独自观看，或者在我心情不好的时候，我都会果断地一个人去看。

李安这部电影，我盼了一年多，当初是和男友约好上映后一起去看，好不容易等到上映，我却已和男友分手。

我当时问自己，难道因为分手，就不去支持我喜欢的导演，不去看我期待已久的电影了？

对电影的热爱，最终战胜了分手对我的打击。

我很庆幸。

这件事情让我真切地感受到，我是自己的主人，是自己情感、生活、心灵的主人，我为此感到安心、自足。

也许你觉得我小题大做。

但假若你也看到那么多人有自己想做的事，却因为找不到人陪伴而放弃，就会明白一个人迈出脚步做出改变，是一件多么艰难又多么必要的事。

一次朋友聚会，我聊起不久前独自去旅行的事，说起在异地遇见的人，看到的风景，诸多见闻，一位女孩听完说："好羡慕你。"又告诉我她有哪些想去的地方。

"既然有想去的地方，怎么不去？"我问她。

"你去的地方适合一个人去，可是我想去的那些地方，都比较适合两个人一起去啊。"她苦着脸，"谁让我单身，没有男朋友呢。"

言下之意，是要等交到男友再去。

这也无可厚非。但我很想问她：假若一直交不到男友，你就一直不去吗？再假设，你交了一个不喜欢旅行的男友呢，到时怎么办？且不说他不愿意陪你一起去，即使出于爱意，或者为了满足你的要求，他愿意陪你一起去，恐怕你们也不会玩得开心吧？

谁能说两个人一起漫步海边看到的夕阳，一定比一个人看到

的更美？

这世上没有任何一个地方，不适合一个人去。

有个女孩，被父母送去加拿大一个小镇读高中，那时她英语不够好，很难和当地人交上朋友，而学校的华人圈又多是讲粤语的人，她融不进去，所以做什么事情都是一个人。用她的话说就是：

一个人去中餐厅吃自助。

一个人看书学习看电影。

一个人去购物，然后把勒痛了左手的购物袋递给右手，嘴里说："喏，给你。"

一个人去滑雪，摔到脚，强忍着痛把重心放在一条腿上，勉强从山上滑下来。

一个人生病，然后把药和吃的沿着床头摆成一列，这样如果实在不能起床，也不会饿死。

后来她去另一个城市上大学，原本在假期之前就已经定好住处，谁知房东临时变卦，在她抵达的第二天就让她搬走。于是她一个人在异国的街头找住处找到深夜。

终于找到一间便宜的房子，房间里什么也没有，她自己一个人跑到宜家买了桌子、椅子、柜子和床，叫了一辆车拖回来，一个人按照说明书装家具。结果发现床板拿错了，心疼叫车的钱，于是把床板捆起来背在背上，一个人坐车去宜家换货。

地铁上有个白人老爷爷问她："小姑娘你是要回家给你的小狗搭房子吗？"她回答："不是，这是我的床板。"

到了新的学校，天性开朗的她终于交到许多朋友，但她发现自己已经喜欢上了一个人的感觉。一个人的生活，让她尝到寂寞的滋味，也让她意识到自己的坚强。

她说，离了任何人也能活下去的感觉，挺好的。

过去，我有过许多次旅行，都是一个人出发，一个人回来，但中途总能遇到许多和我一样在路上的同伴，彼此萍水相逢，结伴走一段路，然后分别。

旅途如此，人生也是这样。

我们都是孤零零来到这个世界，孤零零地离开，中间也有大段大段的时间需要一个人度过，但在这个世界上，同伴无处不在，我们不可能永远是一个人。

当然，也不可能永远有人相伴。

一个人也好，两个人也好，一群人也罢，都是生活的状态。

所有的状态，都不妨安然领受。

一个人时，就享受一个人的自由时光，也享受一个人的寂寞和坚强；有人相伴时，就享受陪伴的温暖和互动的快乐。

至少，不要在一个人的时候羡慕两个人的温暖，然后又在两个人的世界里怀念一个人的轻松自在。

不要因为暂时是一个人，就放弃做你想做的事，放弃过更好的生活。

哪怕只是看一部电影，开始一段旅行。

第二章

年轻时受的苦，终将

照亮未来的路

任何磨砺，都是奋斗路上的垫脚石

不要问自己前面有什么，不要问自己会得到什么，先问问自己愿不愿意去试，敢不敢跳进生活这片不甚清澈的深潭。

我们离开家乡，从一段情感中生生剥离。去跋涉，去挑战，去尝试，去重新开始。这一切并不是谁逼着你非走不可。没有人逼你到北上广去住 10 平方米不到的出租屋，没有人逼你必须熬夜工作，没有人逼你必须去和难缠的客户打交道，没有人逼你一天必须工作十六七个小时。

也没有人逼着你离开熟悉的故乡，离开父母的身边，离开安逸的生活。

其实谁不想在家乡，陪着父母老去；谁不想在熟悉的故乡和认识了十多年的老朋友时常聚聚；谁不想待在老家，可以有一所属于自己的房子，未必面朝大海，但总能容下一个三口之家，弥漫饭香。

但我们依然把故乡和过去一起背在背上，带着梦想独自启程。

因为我们不想在 20 岁的时候就过上 80 岁的生活，因为我们相信梦想必须在更大的地方才能绽放得绚烂，无论生活多么不公与残酷，努力奋斗依然是离开狭隘和偏见的唯一途径，每一种艰难的工作都有可能会通向梦想的天堂。

所以，我们自愿选择看似崎岖的道路。

闺密的男朋友 T 君是一个创业者。大学的时候他参加全市的科技创新大赛，拿了一等奖，是别人眼中的天才，再加上身材样貌不错，一时风光无限。毕业后，这个天之骄子原本有机会进全国最好的互联网公司，拿令人艳羡的薪酬。可是他拒绝了这个极好的机会，背着他自己的产品到深圳。原本可以在北京的写字楼里吹着空调当经理的他，背着包在深圳华强北闷热的大楼里当推销员。一连跑了一个多月，没有人看好他的东西，好不容易有人看中却被对手背后下手抢了单，好不容易没有被人抢单，却因为产品的服务出了问题，他被客户指着鼻子骂成骗子。天之骄子一下子落入了凡尘，尊严粉碎了一地。

遇到这样的事，耐得住性子坚持的就能挺过去，耐不住的就永远是个路人甲。有一次跟闺密和 T 君小聚，聊天说起这段，他的语气平淡得就好像在说别人的事，他说自己打心眼里还是觉得自己是个做开发做产品的人，不想把自己的东西让给其他人，所以才拒绝当时的那份工作，可是自己万万没有想到，现实会让自己既当销售又当售后，这真不是自己想干的活儿。但最终一切还是稳定下来，成了自己想成为的人。现在他不仅自己做项目，也投资项目，那些经验和眼光都是售前售后一起当的时候积累的。

面对工作，有时候我们很难说喜欢与不喜欢，就像我们很难说清离开家乡漂泊在外面的感觉是喜是悲，但我们总在这样的生活中一天天清醒，终有一天豁然开朗。所以，我们一直对自己说，没事，无论这生活的深潭里埋着什么，潜得久了就知道有没有自己想要的东西了，摸索得长了就知道这生活是不是我们心之所向。哪怕抓到满手淤泥，也是下一次前进的线索。

又或许，我们所有的热血都在现实的汪洋里冷却，如一场热闹的宴席终于走向平淡，可是那又如何呢？哪怕我们所有的尝试都终将败北，但那曾经波澜壮阔的青春总可以在我们老的时候变成故事。

所以，不要问自己前面有什么，不要问自己会得到什么，先问问自己愿不愿意去试，敢不敢跳进生活这片不甚清澈的深潭。

我的大学室友中有一个姑娘来自东北，我还记得她一开口时那股浓重的东北"大碴子"味儿。她的名言是：必须趁年轻的时候多看看世界，多体验人生。因此毕业时，她没有像我们一样忙着考研和找工作，她拿了两万块钱潇洒周游世界去了。我不知道她的具体行程，只是从她发在社交网络上的照片和状态了解她到过哪里。

她曾去过丹麦，那里极少有人说英语，这意味着她在那里连语言都要从头开始学，而她在那里待了一个月，社交网络的状态里总是她今天遇到的奇异的单词和因为语言出错而出的糗，尴尬又开心。她还说丹麦人用长得像塔一样的小锅煮吃的，真是难吃，十分想念北京的涮羊肉。

她在阿拉斯加见过此生所见最大的三文鱼，在瀑布见过它们跳跃着不顾一切洄游产卵，她说见过这些后，觉得自己受的所有苦都值得。我知道，那时候和她恋爱了 3 年的男朋友终于还是没有耐心等待她回来，和一个女同事结婚了。那个男人在他结婚那天才用微信告诉她不再等了。我不知道她是不是哭了，那天她传的照片只有三文鱼。

她在国外的日子里，我们总是聊到她，说她真是天真啊，真是冲动啊，真是不顾现实啊。也有人说，她的家境也许能让她有冲动和不现实的资本。我不知道她的父母做什么工作，但我知道她出国的两万块钱来自 4 年大学的省吃俭用和兼职打工，我知道她是宿舍里唯一一个不用手机还用公共电话往家打电话的人。就算她家里真的富得能让她衣食无忧一辈子又怎样？她不也是一个人，走到了我们没有走到的地方，迈开了我们没敢迈出的脚步吗？当她一个人身在异乡被爱了 3 年的男人放弃的时候，不也是一个人撑了过来吗？所以，就算全天下人都不理解你的决定也没有关系，你经历了一切，就总有一天会用和别人不一样的状态去面对一样的生活。

曾子墨说："前途路上，置诸死地，有人，真死了；有人，活过来并活得更好。最重要的是，问自己，有没有勇气做，做砸了，输不输得起。"输得起的，上帝本来就没有规定付出与收获之间必须有固定的比例，大不了重新再来一次，反正你不去试也什么都没有，因此试了，失败了，也没有什么可以失去。

不是生活糟心，是你活得不够用心

现在过得如何，取决于你过去做了什么；而现在所做的一切，会一点一滴堆砌出未来的模样。一切都是自己的选择。

我的一位女友，是那种长得漂亮，为人又谦和的女孩，很讨人喜欢，从大学到职场，向来追求者众多。其中两位追求者最长情：A君家境好，事业有成，待人温柔，成熟稳重；B君英俊潇洒，才华横溢，性格有些孩子气，却最懂浪漫。

女友最终选择了A君。

周围的朋友都喜欢B君，不免为他抱不平，背着她议论纷纷：还以为她和那些拜金女不一样，看吧，果然还是金钱力量最大，高富帅高富帅，重点是富，帅不帅有什么关系。

女友偶尔听到了这些议论，也只是笑笑，并不生气。

一次去星巴克闲坐，终于忍不住问她，真的是因为A君更有钱，才选了他？

女友慢条斯理地抿了口杯中的卡布奇诺，答非所问地说了一句：前阵子，他们俩工作上都有些不顺。

A君是自己开的公司，现金流出了点问题，B君则是与顶头上司不和，工作上诸多摩擦。"工作不顺是常有的事，谁都会遇到，但两个人面对问题的态度，还有对待我的态度，简直天壤之别。"女友说。

那段时间，A君忙得脚不沾地，焦头烂额，与她的联系也变得少了，但他仍然不忘隔天在微信上问候一句，他很坦然地告诉她，公司出了点状况，最近太忙，没有时间见面，女友安慰他几句，他就笑说："嗯，别担心，我肯定能渡过难关。"

B君因为工作不开心，找她的次数反而变多了。有时在微信里向她抱怨顶头上司性格恶劣，不懂用人，偶尔见面，也总要哀叹自己怀才不遇，女友劝说几句，他就耍脾气："你说得轻巧，我有什么办法，这个社会太不公平了啊，机遇全都给了那些会钻营的人……"

听到这里，真相大白。都以为她拜金，其实她拜的是生活。

"你知道吗？那天他和我见面的时候，不仅头发没有打理，衬衣里面的 T 恤也穿反了。"女人真是心细如发。但这些细节已足够说明问题。

人生还长，谁能料到前路上风雨几番？她不愿和一个遇到风雨就满腹牢骚、遇到挫败就理所当然把生活过得一团糟的人携手走过一生，也是理所当然。

从前总以为，我们需要满身金银，才可以把生活打理得美好有趣；以为需要流浪到世界的尽头，才能证明自己活得自由。

后来才知，真正的美好和自由是什么呢？应该是你哪怕在人生最低的低谷里，脸上也仍有笑容，心底仍有希望；是你哪怕活在尘埃里，也可以坚韧地在尘埃里开出花来。

活得美好和自由的前提是，自己决定自己的生活，自己的心情。

百度帖吧有一组很火的照片，楼主贴出了她的两个同学，一墙之隔下两个姑娘不同的生活：

"墙左边的姑娘每天的生活是泡沫剧，看累了就叫外卖，手头上偶尔有点闲钱就去逛街买衣服，她抱怨考试很难过，身材不好没人追，去社交场合没话说。她苦笑指着对面，不像她，那么好命。可她不知道，墙右边的那个"好命"的姑娘，已经在她看泡沫剧的时候自学了法、英、西三门外语，好命姑娘在社交场合能侃侃而谈，是因为看过的书比她吃的快餐盒撑起来都要高，她攒钱每隔一段时间就去旅行。左边的姑娘跟我抱怨，生活无聊又没趣，好命姑娘却告诉我，夏天的时候托斯卡纳的大波斯菊很美。"

很简单，现在过得如何，取决于你过去做了什么；而现在所做的一切，会一点一滴堆砌出未来的模样。

一切都是自己的选择。

自由的选择。

常去的咖啡馆，在鼓楼附近一条外国人扎堆的胡同里。去的时间长了，和在那里兼职的女孩成了朋友，人不多的时候就请她喝杯咖啡，聊些闲话。

她告诉我，她是大学生，家境不好，不想增加父母的负担，所以自己出来打工挣学费和生活费。又告诉我咖啡馆的老板夫妇人很好，准许她按照她的时间自由排班，给的薪水也比别家高。晚上她还会去附近的餐吧兼职，外国客人多，可以顺便练一练英语口语，她最近在考托福，打算出国留学。

我知道和她同龄的人，都在无忧无虑地逛街、看电影，和男朋友约会，可是这个开朗的女孩，说起自己的事时总是一脸甜甜的笑容，让人不自觉地就忘了她的辛苦，只想开开心心为她说声加油。

有一次去，她不在，我点了店主推荐的手工甜点和滴漏咖啡，坐在那里和老板娘闲聊。聊到兼职的女孩，老板娘笑说："是个相当不错的孩子呢。她刚来那会儿，咖啡馆生意不好，她那时兼职费也不高，却很费心思地帮我们想了不少提高人气的办法，你看，现在店里的推荐菜单，还有每周的小众电影放映会，都很受欢迎吧，其实这都是她当时出的主意。"

老板娘笑得温柔，我想起女孩说起老板夫妇待她好时感激幸福的表情，觉得自己都变得温暖幸福起来。

她拿到美国名校全额奖学金的那个周末，我照例去咖啡馆，她请我喝我最喜欢的冰激凌拿铁，又送给我一包她亲手烤的巧克力曲奇。

"谢谢你。"她说。

我惊讶道："我什么也没做啊，全靠你自己努力。"

她却笑着摇头："其实不仅要谢谢你，对这几年遇到的所有人，

我都心怀感激。"

如今，咖啡馆的墙上贴着她从美国寄回来的照片和信。

照片里的她清瘦了不少，也变得更漂亮了，站在加州的明媚阳光下笑得满脸灿烂。

信上，一字一句，全是感谢：感谢老板和老板娘，感谢这家咖啡馆，感谢她结交的朋友，感谢四年间咖啡馆里所有的客人。

这真是一个很棒的姑娘。

糟糕吗？辛苦吗？卑微吗？艰难吗？从她身上，我一点也没有看到。我只看到一个坚韧努力的姑娘改变命运的过程，就像在创造一个奇迹。

其实怎么会是奇迹呢，一点一滴的改变，都是她应得的回报。

从来没有糟糕的生活，只有不用心的人。

我们都可以做出选择：选择在拥有健康、美貌、才华、能力时，仍然把生活过得乱七八糟，然后抱怨命运没有给出更好的选择；也可以选择在人生一无所有的时刻，打理好自己，过得像一个真正的心灵贵族。

出身、家境不可选择，的确如此，但生活真的是一件可以选择的事。

你永远可以去选择：努力，乐观，快乐，温暖。

或者相反。

不要让梦想只是梦想

对绝大部分人来说，理智、冷静，都是值得赞颂的品质，它们为生活保驾护航。可对另一些人而言，这两样事物的出现，意味着内心的一部分疯狂枯萎了。

我曾在云南昆明度过一段时间。那是座非常有风情的老城，老昆明人散漫地在翠湖边拉二胡唱戏，刚放学的孩子们挤成一团买烤洋芋，从他们身边昂首走过的，是穿着艳丽民族风裙子的游客。与现在层出不穷的新奇旅行方式不同，当年去丽江艳遇就算足够小资了，如今，连小资这词儿都不流行了，当年裹着披肩在四方街作忧郁状拍照的文青们，现在热爱赤脚走在泰国的大马

路上。

　　但总而言之，7年前的昆明是无数文艺青年的过渡歇脚站，我就是在那儿，碰到蔓蔓的。

　　蔓蔓当时刚刚从丽江回来，她在那里待了两个月，整个人被高原阳光晒得黝黑，每天打打零工赚钱交房租，偶尔批发点小东西临街叫卖。她对生活没有什么要求，稍微赚点钱就够了，多的不求，少的也能凑合。

　　我们俩交换联系方式，甚至连彼此的长相都记不太清，就像旅途里偶尔相遇的两朵云，就此分开。后来五年里，断断续续得知她的消息：去青海的青年旅舍客串了几个月的掌柜；骑行西藏；在西双版纳咖啡馆里换宿……反正所有文青会干的事，她都

做过。

的确很多人不理解她为什么不去找个正经工作，成天"无所事事"，让家人没有安全感。但是对蔓蔓这种无欲无求无野心的人，生活随性就好，不愿考虑更复杂的东西，即使对那些收获颇丰却需要用力一搏的东西，也不愿浪费精力。

就是这一点，导致她后来的"出逃"失败。

其实蔓蔓比我早两年就开始考虑出国，但是考雅思、体检、办理财产证明等琐碎事拖延了她的脚步，不是今天没时间学习英语，就是明天要去尼泊尔玩，拖拖拉拉许久时间，在当时的她看来，出国不是一件紧迫的事情，随时随地只要她想，就能。

在我办完所有事踏上飞机的前几天，她还在 qq 上和我聊：你等着，回头我去找你。

当我旅行完新西兰全境，在皇后镇找了房子长住下来后，已经又过了半年，再次联系上蔓蔓时，感觉她情绪明显不对。

语气里不再有昂扬潇洒，只有淡淡地敷衍：我现在没有钱，不出去了，想自己开个网店。

我问：那你以后还来吗？

她回了三个字：再看吧。

当年那个脚磨破了，直接脱了鞋啪嗒啪嗒走在昆明金马坊大街上，骑摩托车飞奔在高速路上任头发飞舞，对什么事儿都满不在乎的蔓蔓，忽然不见了。她开始变得理智了。

这真可怕。

对绝大部分人来说，理智、冷静，都是值得赞颂的品质，它们为你的生活保驾护航。可对一部分人而言，这两样事物的出现，意味着内心的一部分疯狂枯萎了，可是根子却拔得不够彻底，于是那一些微火光日夜折磨你，你知道你想要什么，可再也没有力气去拿了。

如果只是阅历与心智成熟让蔓蔓走到那一步，倒也罢了，可是偏偏她是迫不得已向现实妥协。蔓蔓的磨蹭，错过了来新西兰的最好时机，当年比较冷门小众的打工度假签证，几年来常年开放，鲜有人申请，可从 2013 年开始广为人知。开抢的第一天，一个小时就全部没有了，这一状况，还将长期持续下去。对蔓蔓而言，如果仅仅是办旅行签来玩，时间有限，开销太大，一次只能待一个月，完全没有深度体验的机会。而出来读书，却更不实际，她连雅思成绩都没有。

也就是说，从 2010 年到 2012 年，中间这三年有无数机会，蔓蔓都错过了。

我就是从她身上，才深刻理解那句特俗的话：有些事，你现在不做，将来永远也不会做了。

这是真的，有时候上路需要的只是那么一点时机，一点荷尔蒙，一点激情，一点不假思索。可是也许只犹豫多一秒钟，这些东西"砰"的一声瞬间消失殆尽，再也不会回来。

在新西兰工作生活的年轻人，家境多是"还好"，这个"还好"上至可以拼爹的富二代，下至吃穿不愁但余钱不多的普常人家的儿女。公平的是，无论是富家子弟抑或普通人家的儿女，来到这儿都是一样的，该吃的苦一点都不会少。新西兰实在也没有什么可供你奢侈消费的地方，于是此时，拼的不是家境，而是内心强大程度。

有一个印度同事，身家极丰厚，据闻其家族在印度有10000亩地，一亩地是666平方米，如此算算的确惊人。但是具体如何我们没人知道。只是偶尔听到他咕哝：我妹妹的房间都比这个鬼地方大。

他说的鬼地方是他们所工作的五星级酒店。

坊间传闻这印度小地主出来，是被父亲逼的。他的爸爸非常开明，当年也曾出国游历几年，如今看儿子太过稚嫩，便也扔出来希望磨砺一下他的性格。在不情不愿以及"你不出去打拼一下，我一分钱也不会给你"的威胁里，这个男孩来到这家酒店，做打扫房间的服务员，每天低头弯腰清理马桶，捂着鼻子把各种的垃圾归拢到一起扔掉。

因为总是闲站在一旁不做事，被搭档告了好几次状，加上客房服务部的经理以咆哮闻名，这男孩日益低沉。最后一次挨骂时现场的火爆程度，惊动了全酒店上下。

据说当时是这样的，几个客人让印度男孩更换浴室毛巾，但是等了一个上午，连他的人影都没见到，客人恼怒地去投诉，竟然被他还嘴说：你们自己弄得那么脏，还好意思怪我。

印度男孩彻底捅了娄子，这间酒店一向奉顾客为上帝，加上经理早就对他不满，把他拖到办公室一顿骂外加警告处分。可是高潮在于，这男孩直接把打扫客房的手套扔到桌上，仰起头大声说：我才不稀罕在你这干活儿，我告诉你，我家可以把整间酒店买下来！

扔过手套后，他开始长篇大论地演说，内容无非是"我家那么有钱凭什么听你使唤""你们这儿就是垃圾，垃圾，垃圾！"诸如此类，当时正值午饭时间，所有客房服务员听得一清二楚，男孩的印度腔英语久久回荡在办公区内，引得不少人偷笑。

在年轻人堆里，这事成了茶余饭后的笑话。没人在乎你有没有钱，只看你有没有用自己的力量去获得金钱。

后来大家再说起他，都是揶揄的语气：啊，不知道他什么时候回来买下酒店呢？

比起印度男孩，小夏就要好的多了。

小夏是典型的中国普通青年，独生子女，家境小康，父母传统，从小到大读书也还中等，顺利上了大学，平时喜欢看美剧，但也不排斥文艺闷片，淘宝是购物常驻基地，偶尔转发一些"星座心语"之类的鸡汤微博。

种种而言，她的人生轨迹会像其他朋友一样，一份稳妥的工作，身边有一个可靠的人，每年年假时旅游几天，生活平淡慰帖。但小夏不愿意，"咱有一颗流浪的心。"于是这颗心就带着刚毕业的她出了国。

在出国前，小夏幻想的生活是无数的聚会，金发碧眼的肌肉男端着酒杯过来搭讪；自己找一份工作，每天上班前踩着高跟鞋喝着咖啡冲进办公大楼；周末去学学钢琴，小提琴也不错，然后在家做点烘焙，烤点饼干，和新闺蜜们共商八卦。

现实在飞机落地时就击败了她，小夏拖着三箱子行李，里面装满了她的护肤品和裙子。从机场出来后，她不知道怎么看机场大巴，只好去等公交车。一个多小时的等待煎熬后，她终于醒悟，新西兰公共交通极不发达，没有车寸步难行，小夏最终花了人民币四百多块钱搭的士抵达预定好的旅社。

那一小时在南半球阳光的暴晒中，小夏对美好国外生活的憧憬像冰淇淋一样，软瘫瘫地融化了，滴在手上，狼狈不堪。

青旅的生活没有几天，小夏的生活费捉襟见肘。她开始着急找工作，短短三周内，她换了三份工作：在华人餐厅端盘子，每天要工作到十一点，太累了，而且华人老板总克扣时薪，撤；在洋人的午餐店做前台点单员，第一天就刷错了客人的卡，老板脸色太难看，撤；礼品店里做销售总要面对挑剔的客人，选个护手霜都要四十分钟，烦人，撤。

小夏次次离职都情有可原，她发现自己不适合都市里的店员生活，于是转奔南岛，奔向茫茫草原的怀抱。

南岛的畜牧业和种植业比较发达，年轻人总会来这里寻找农场工作机会。小夏顺利地在苹果园找到一份工作，但是第一天，几十斤重的筐子把她的手臂弄出血痕，小木刺扎在肉里痛痒难忍。第二天，极强的紫外线晒得她脱皮，脸上、背上全是一片片红疙瘩，擦了两天的药还不见好，只好转道去基督城，到曲奇饼厂做包装女工。

这份工作还不错，就是站在流水线边，检查一下有没有空袋子或是包装错误，周薪轻松赚三千人民币。可是一个月后，小夏还是辞职了。因为大降温来得太猛，住的地方连暖气都没有，晚上彻夜难眠，在一个早上六点开工的清晨，最终让她发烧了。

小夏在新西兰一共只待了三个月，在六月冬天来临前，她匆匆逃回中国的夏季。在这儿，她没有被金发碧眼的帅哥搭讪，那些男孩只懂喝酒，以及约喜欢晒太阳的姑娘跳舞。她没有找到一份能让她踩高跟鞋上班的工作，本地人自己就业都有点难，更别提一个英语刚过四级，连工作经验也没有的外国人。她也没有做过一次烘焙，三个月来，她不断奔波找下一份工作，居无定所。

就这样，小夏离开了日夜煎熬的出逃生活，回归到温暖的家，那里有随时随地能买到衣服的淘宝，有合口味的饭菜，有坐在办公室轻松过活的日子。后来再有人向她询问出国事宜，她都会特别坚决地说：特别辛苦，就是去受虐的，一点意义都没有！

路在脚下，诗在远方

以后可能也不会再体会这样的生活，所以要好好珍惜每一天。你要问我去何方，我指着大海的方向。

我第一次见到里昂的时候，两个人都很狼狈，当时我们都住在一间民宿里，我买的二手车被原车主骗了，还闹去了法院和警局，而来打工度假的里昂买的新车当天直接被撞报废了。

但是他比我要更迅速地找到解决办法——他马上就买了第二辆，还是找拖车公司的人直接买的。

我当时心想，这人可真有钱。

里昂是福建人，长得高大，眉眼开阔，不计较，是个看起来就很靠谱儿的爷们儿。我没车回几百公里之外的家，于是蹭他的车走，一路上经过羊群、海、雪山，从正午走到夕阳。八个小时的车程，足以让我们成为朋友。

说来也好笑，2013年在节目《非诚勿扰》的宣传下，中国年轻人申请打工度假签证的难度骤增，十几万人去抢一千个名额，无数人卡在崩溃的网站里，一时间网络上哀鸿遍野。而里昂却是无心插柳，他本来是要办旅行签，得知有这个签证后，想想旅游之余还能打工，就早起去抢了一下，竟然顺利拿到了，"我家网速平时挺慢的，那天也不知道怎么就抢到了。"最好笑的是，他一个做中介的朋友托他帮忙再抢一个，他又抢到了。

里昂抵达新西兰的第一站，就是去年轻人扎堆打工的水果之乡克伦威尔摘樱桃，这事儿说来也巧，樱桃工由于时薪高（曾有朋友一天净赚2000人民币！），全世界来这儿打工的青年都喜欢去申请，里昂那天住在民宿，刚好一个申请到工作的人临时决定不去，他就顶上了。

这个狗屎运大王就这样迷迷糊糊地一路走过来。

后来再见到里昂，是他专程开车一个小时，送自己摘的一大堆樱桃给我。他从自己的大包里倒出小山高的深紫色车厘子，结结实实地堆在厨房桌上，全部微微泛着光，像无数个小亮点。可他还有点不好意思：这回摘的树有点小，下次给你摘其他品种的，超大。

他手上全是被樱桃树枝子刮的细小血痕，也就两三周，整个人黑得像个农民。

我有点感动，因为对摘樱桃工人而言，每天工资是要按筐子数量来算的，他用自己的时间给朋友摘樱桃（而且还得躲过监工偷偷塞进包里），就等于减少了他的工资，更重要的是筐子如果少，还会被监工骂手脚慢。要知道，在果园里对亚洲人的歧视可不算少。

可里昂不在乎，他隔段时间就摘一堆偷运出来送人，有次得知我们几个朋友路过克伦威尔，他用下班时间冲回果园摘了两大袋子。车子经过时，远远看见他站在路边等着，看见我们，他特别开心地举起手里沉甸甸的两大袋子，大喊："这回我摘的特别大！"

由于里昂的仗义直率，他很快结交了许多朋友，经常三五成群结伴去附近登山钓鱼。有一次出去玩，所有青年客栈都客满了，里昂大方地请所有朋友住了当地的四星酒店。此时他隐藏的另一面才逐渐曝光。

没人猜到这个洒脱开朗的大男孩，竟然在加拿大有着自己的生意，而且做得很大，覆盖了半个国家。

里昂几年前就以投资移民身份移民去了加拿大，家境极好——有次和四川朋友聊起春熙路，里昂对那一带了如指掌，一问才知道，他家在春熙路买了一套房，专供去四川旅游时住。而类似的房子在国内还有不少，全在最旺的地段，其中大部分都是别墅。

总而言之，这是个富二代，还算得上是高富帅。

但是里昂有自己的经济头脑，在加拿大坐移民监期间，待着也无聊，不如做点生意吧。于是他做起油画和茶叶进出口业务，还请了一个脾气古怪业务精深的央美毕业的画家帮忙卖画，时不时画家神秘失踪去哪儿写生了，里昂也不生气，直接挂牌子关门停业一天。

在加拿大，几乎家家户户都爱挂油画，而里昂从深圳出口的油画画工佳装裱精细，价格却比同类画廊便宜30%，短短一年时间，市场做得风生水起。

在移民监接近结束时，里昂决定出去旅游一趟，随后后面每一个巧合都导致了前文所述的种种错位，最终让他成为一名摘果农民。

里昂每天和其他三个人挤在不到20平方米的宿舍里，深夜上洗手间，得哆哆嗦嗦披着衣服去几十米外的公共厕所，所以睡前他几乎不喝水。每天摘果从清晨六点到下午三点，早起如果来不及吃东西，就得等到中午，有时烈日当头能把人晒昏，他花五块

钱买了顶大草帽，脖子上绕了一圈毛巾，专门来擦汗。

可是这一切在里昂的描述里，都是特别酷的回忆："你知道吗，每天早上会有直升机飞过来把所有樱桃树上的露珠扇掉，不然樱桃会坏，好玩吧！"

如今樱桃季结束，里昂开车旅行到了另一个盛产苹果的地方，继续摘果工作。

"以后可能也不会再体会这样的生活，所以要好好珍惜每一天。你要问我去何方，我指着大海的方向。"——摘自里昂一条微博。

和里昂的情况相似却又不近相同的日本姑娘加藤是我的好朋友，她是个太典型的日本人，礼貌到有些慎言慎行，吃饭前一定会说"我开动啦"，表示感谢时连连弯腰。

加藤已经三十岁了，看起来却和二十几岁一样，一米五几的身高，娃娃音夹带着各种语气词，和男孩子说话还会脸红，捂着嘴不好意思地笑。

我认识她一年，她回了东京两次，参加两个妹妹的婚礼。

在大部分保守人士的思想里，大概会觉得两个妹妹都结婚了，姐姐却依然在外漂着，想想就着急。如果这些人知道她做什么工作，一定会跌碎眼镜。

加藤在酒店做客房打扫。

没错，就是客人离开后，负责铺床扫地，清理浴室马桶的那种。

跌碎眼镜后再让眼球跌落吧，加藤家境与里昂有得一拼，她父亲是日本一个知名电器公司老总，有好几个厂，每逢特殊日子，加藤还得穿上和服去参加不同的活动。

加藤就像日剧里那种千金小姐，为了自由冲破束缚。

说起来是这样，可是现实并不是太美。

加藤家规极严，在她少女时期，想打耳洞，妈妈给她一张纸，要求把打耳洞的原因、后果一条条全写下来。家人就像那些永不会飞错路线的行星，哥哥们子承父业，在不同部门负责事务，妹妹们嫁人做主妇，只有她，是个另类星球，四处乱飞，几次差点引起星际爆炸。

加藤学习非常努力，毕业后考取东京大学，读的是父母希望的金融专业，可是有一天她觉得没法念下去了，找不到读这些课程的意义，她甚至连基本课程都没法过关。瞒着父母，加藤肄业出去找工作，在一家公司实习，被父亲下属无意间发现，事情才曝了光。

全家震怒，将加藤关在家里，派一个用人看着她。我几乎可以想象到这个看似柔弱实则倔强的女孩当时经历的一切，她在家里不发一言，不妥协，独自坐在房间里，日复一日赌气，气父母的不理解，气那个告密的下属，气自己为什么不做得更巧妙隐蔽些。

终于有一天，父亲想通了，打开门，看都不看她一眼，挥挥手让她走。

可是现在想想，那不是想通了，是放弃了。

加藤默默收拾了行李，走了出来，扭头看看，门被关上，那一刻就像个慢镜头，把她隔绝到另一个世界。

她得到了一直以来想要的自由，可是忽然她不知道这玩意儿能把她带到哪儿去，甚至不知道要这东西干吗。

加藤决定先出门闯闯，再想后路，于是她来到新西兰，先上了半年语言学校，一路溜达，直到来到皇后镇，在酒店找到一份客房打扫的工作。

奇怪的是，东京大学都没法让她安安稳稳待着，打扫客房却让她留了一年多。日本人的严谨和细致非常适合这份工作，加藤很快成为 "self-check housekeeper"，意即她打扫过的房间不用领导检查，自己负责就好。但是这份工作并不轻松，平均每 10 分钟要清理完一整间房间，包括更换所有床单枕套，地板上不能有一丝头发，浴室镜子上不能留一颗水珠。每天早上八点到下午三点的工作时间，常常让她累得必须回家睡 3 个小时才有精力起来做晚饭。

这些事让父母没法理解，就连日本国内的朋友也没有办法理解她。

可是加藤很快乐，她自己算了个账，每周赚的工资，去掉房租，还剩三百刀，足够吃饭、旅游、喝酒、聚会，每天都开开心心的，"我在日本就算每周赚一千刀也不会那么开心呀。"

是的，因为从小没有吃过穷的苦，所以快乐对加藤来说就够了。

　　加藤其实不是一个文青或理想主义者，相反，她非常脚踏实地，自己主动选择的事情一定会做得几乎完美，各种问题思考得清清楚楚。但是只有一点，她非常有原则，而这个原则，就是自己内心舒不舒服。比如舍友手腕被割伤，当地小医院只能简单包扎，加藤果断推掉新男友的约会邀请，驱车三个小时去大医院处理。也比如被领导玩笑地拍脑袋，她会当着大家面直接回击，毫不顾忌面子。

　　加藤小心翼翼地保护着内心的敏感与诚实，做着其他人眼里的"怪咖"。

　　她和里昂，都是让我会仔细想一想的人，家境富裕却内心坚强的人，出门吃苦，似乎是一件让他们"很爽"的事情，因为知道自己退路几何，却想看看自己前路多少，闯劲十足，甚至比普通家境的人要更勇敢，带有一种洒脱气质。

第三章

DISANZHANG

逼自己一下，你才知道自己有多出色

你只有很努力，才配拥有未来

只有度过了一段连自己都被感动的日子，才会遇见那个最好的自己。

每次回家，都会跟发小儿见面。

她和我年纪相仿，早早结婚生子，如今她的儿子追着我叫阿姨，让我深刻感觉我与她已身处两个完全不同的世界。

但两个人夜里挽着手去逛街，逛累了心有灵犀地进茶楼，VIP茶座丝绒帘幕一拉，一杯香薰花草茶入口，百无忌惮聊起来，便知道她仍是当年那个爱漂亮、善良温柔、心思单纯得教人心软的女孩。

她说："我喜欢你的自由。"

我开玩笑："自由也有代价，你看，我挣得比你多，花得也比你多，未成家未立业，人生仍是一盘散沙。"

她不同意："可是你一个人生活，不受拘束，靠自己挣钱，做自己想做的事，爱自己想爱的人，这已是最大的幸福。"

年纪轻轻结婚生子，要处理的人情复杂，要忍受的家常琐碎，要面对的漫长而茫然的未来，我能想象。

她受了委屈，只能一个人哭，这我也知道。

有时，看到她发状态倾诉烦恼，除了安慰，我别无他法。

再好的朋友，也不能分担彼此人生。

所以，她也并不知道我独自在外忍耐了什么，熬过了什么，才有今日这般看起来毫不费力、自在幸福的模样。

不知道我要有多努力，才能换来她一句发自内心的"喜欢""羡慕"。

人生大抵如此。

能放在台面上来说的，永远是外表的光鲜。

光鲜之下的辛苦努力，只能独自饮下，沉默品尝。

全球最著名的性感内衣品牌之一 Victoria's Secret（维多利亚的秘密）刚刚在英国伦敦结束了它名扬世界的时尚内衣秀，数位被称为"维密天使"的超模们，穿上为她们量身定做的华美内衣，在 T 型台的闪光灯下走秀，赚足了全球女人艳羡的目光。

完美的面庞和身材，舞台上无可企及的耀眼光彩，名利双收的职业，谁人不艳羡？

没有多少人会去细想，为了以无可挑剔的满分状态站上世界性的舞台，维密天使们付出了怎样的努力：

隔绝美食，严格控制卡路里摄入，按照规定好的食之无味的食谱进餐，每日必须完成一定的运动量和训练量。每一分每一秒，都必须努力维持身材，保养容貌，她们过的是片刻都不能松懈的日常生活——离普通人的日常足够遥远，所以才能置身于普通人触之不及的耀眼光芒之下。

这个世界当然不公平，你我都平凡如斯，没有她们那样天生的身高和美貌。

但这个世界也足够公平，即使是天生的超模，也必须支付代价，经受魔鬼般的自律训练，从地狱般的残酷竞争中脱颖而出，才够资格站上华丽舞台，接受万人瞩目。

依然记得 2010 年范冰冰穿一身明黄中国龙纹礼服走上戛纳红毯的样子，气场十足的东方美女，艳惊四座，令人惊叹当年《还珠格格》中不起眼的小丫鬟竟已蜕变至此。

可是，这个美得人神共愤的女人，风光无限的背后，也承受着无数的绯闻、流言和诋毁：有人说她的美貌是整容所致，说她成功是依靠潜规则，说她烂片无数，演技差得看不下去，说她架子大，胆子肥，居然敢直接动手打娱记，说她是个不折不扣的花瓶……

而她却只是以"范爷"的姿态傲然抛出一句："我受得住多大的诋毁，就经得起多大的赞美。"

明明是明艳动人的美女，却帅气到无以复加。

想要在舞台上闪耀光彩，就得在背地里付出常人难以忍受的努力。

想要在聚光灯下万众瞩目，就得忍受众人对你同等的挑剔。

想要装酷耍帅，让人艳羡你自由自在的生活，就得对那自由背后的孤独和辛苦保持沉默。

这世上，从来没有"唾手可得"这回事。

他人眼里看起来唾手可得、值得羡慕的一切，其实你不知为它熬过多少夜，流过多少泪。但我们一定都宁愿对那些暗夜里的孤独和眼泪里的苦涩绝口不提，宁愿只让世人看到我们的骄傲，用掌声和赞美来满足虚荣，而不必让任何人来同情我们经受的苦。

因为，以最好最美的姿态站在所有人面前，云淡风轻，自信微笑，这是你我在暗夜里孤独前行，咬牙撑过所有痛苦的动力。

邻居家的姑娘，比我年纪小，高中毕业就离家在外闯荡，至今还没回过家。

我们在同一座城市工作生活，离得最近的时候，只有三站地的距离，却从未见过面。只偶尔在彼此的社交账号上点赞留言。

也邀请过她，周末要不要一起喝个咖啡，吃个饭。

她总是干脆利落地拒绝，不给理由。

其实我知道理由。

姑娘从小想进演艺圈，长得却不算美，也没有过人的才能，父母不答应，苦口婆心劝过、打过、骂过，她却倔得很，一毕业就走了，发誓不成名不回家。

她这个誓发得毒，岂止不回家，连我这个邻居家的姐姐都不肯见。

大概是怕见到我，想起父母，动摇她坚定的决心。

一开始，当然是四处打工，攒够了钱，她在表演班报了名，上课、打工之余，到处去参加试镜，也尽量争取演路人龙套的机会。

一年过去，两年过去，日子依然过得紧巴巴，梦想也依然遥不可及。

第三年，她终于给我发信息，问我方不方便见面。

我恰好在外面，便和她约在车站见面。她匆匆跑过来，整个人瘦了很多，留一头利落的短发，虽然仍然不够美，看起来却比以前有味道。她说最近开始在剧场里打工了，也许有机会能演个舞台剧的配角。

搓着手支支吾吾半天，她终于切入正题。原来是想借钱。数额并不大，看来真的是窘迫得很了。

我没有多说什么，如数借给她。她千恩万谢地收下了。

"真的打算不成名不回家吗？"我问她。

她立刻绷起脸，重重地点头。

"不辛苦吗？"

辛苦。她满脸写着这两个字。但一开口，说的却是倔强天真得令人心疼的话："不辛苦。总有一天我要让他们在电视上看到我，总有一天我要带着经纪人，穿最美的衣服，开最好的车回家，让所有人都看着我尖叫，求我签名合影。"

看着她那张多少还有些稚嫩的年轻脸庞，我想起张爱玲年轻时候说过的话："成名要趁早呀，来得太晚的话，快乐也不那么痛快。"

一样的肆意而率真。

为了成名，为了让人另眼相看，努力的动机或许不纯，却足够真实。

衣锦还乡的荣耀，对成功的期待，会给你带来更大动力。人后努力，就是要为了有朝一日站在人前轻描淡写或者扬眉吐气，这有什么不好？

我们很努力，是为了让自己看起来不费力。

这样就好。

既然告别安逸，就别怕一路风雨

何不倒掉温情脉脉的鸡汤，把人生形容成一场残酷的冒险？告诉自己，假如只是坐在那里，什么都不想失去，什么也不"抵押"，坐在原地，只会让所有的梦想烂在腹中。

那天，无意间翻到卡梅隆的人生履历。

此前我对这位好莱坞大导演的印象仅仅停留于他拍出了当时世界票房最高的电影《泰坦尼克号》，后来又拍出《阿凡达》，刷新自己创下的票房纪录，总而言之，是一位很成功的商业导演。

翻完他的履历才知道，原来他还是单人抵达深海极限（马里亚纳海沟水下近 1.1 万米）的第一人。

这位疯狂的探险爱好者，曾经花 20 年时间研究泰坦尼克号，是世界上首次使用机器人进入海底沉船遗骸内部进行拍摄的人，他拍的探险纪录片，都是以自己的真实探险经历为题材。

而作为电影人，他革新了水下特技，为 3D 技术带来历史性突破，数次打破世界电影成本纪录，又数次打破世界电影票房纪录。

这是一场时刻都在"折腾"的人生。

"如果你总是担心，而不迈出那一步，那么，你什么都不会得到。"

从他嘴里说出来的这句话，完全是他人生的写照。他永远都在"迈出那一步"，不仅事业，感情和婚姻也是如此，他活得永远像一个孩子气的老顽童。

有人说，他的生命永远是抵押出去的，抵押给梦想，抵押给冒险，抵押给世界上最美好的事物，抵押给好奇心和对世界孜孜不倦的探索，最后，抵押给他所爱的妻子和儿女。

很喜欢"抵押"这个词。

热血动漫《ONE PIECE》（海贼王）里的主角路飞出海冒险时，别人问他："你不怕死吗？死了就什么都没了啊。"路飞说："我有我的野心，有我想做的事，无论怎么样我都会去做，哪怕为此死去也不要紧。"

他说："没有赌命的决心就无法开创未来。"

我们活在这世上，何尝不是一场冒险，何尝不是在赌命，把把自己的性命"抵押"出去，才能换来上天许诺的点滴收获？

把生死抵押出去，换一场人生；

把时间和努力抵押出去，实现一个梦想；

把爱抵押出去，换来另一份爱；

把苦难抵押出去，换未来的美好；

把恐惧抵押出去，换来波澜壮阔的冒险；

……

何不倒掉温情脉脉的鸡汤，把人生形容成一场残酷的冒险？告诉自己，假如只是坐在那里，什么都不想失去，什么也不"抵押"，坐在原地，只会让所有的梦想烂在腹中。

在咖啡馆闲坐时，隔壁桌一对情侣，拿着小叉子互相给对方喂提拉米苏吃，你一口我一口，甜甜蜜蜜。

女的忽然问："你的理想是什么呀？"

男的答："养你呀。"

听了这个不知从哪儿学来的"标准"答案，女的假装生气：

"我才不要你养。"

"可是我想养你。"

这当然只是情侣间的情话戏言，却让一旁的我想起在英国留学的堂姐。

在去英国之前，堂姐也有一个爱得如胶似漆的男友。

如今她一个人在英国，单身。每天上课、打工，和朋友一起泡吧，明年就要毕业，打算在那边找工作。

有时在线上和她聊天，她都只谈课业、未来的计划、英国的天气，绝口不提爱情。

得知她决定去英国留学时，男友很崩溃，哭着求她不要离开他。一开始，面对他的挽留，堂姐很感动，内心也很动摇，直到男友说出那句话："你不用那么辛苦去国外念书，以后我养你就行了。"

男友家境相当好，说要养她，自然不是说说而已。

但堂姐愣了半晌，才说："你知道我的梦想是……"

男友打断他："有我的爱还不够了吗？我说了我养你啊。我一定会爱你一辈子的。"

堂姐沉默许久："我曾经和你说过我的梦想，可是你不记得了，对吗？"

男友真的不记得了。或许在他眼里，女人的梦想并不重要。

堂姐的梦想是成为一名国际记者，为此才选择去传媒业发达的英国学习。可是他却说他养她。他们的交谈根本就是两条平行线。

原本火热的爱一下子冷却下来，她很干脆地和男友分了手。

她或许再也不会遇到像他那样细心温柔痴情的男人了，或许从此会变成只拼事业的"缺爱"的女人，可是，她并不需要一个不懂她的人在身边嘘寒问暖，那样的暖巢会变成她人生的牢笼。

后来，我看到堂姐在她的推特上写下这样一句话：

"或许别人觉得爱情美好，但我觉得梦想更美好；或许别人需要房子，需要婚姻、金钱、稳定的生活带给她安全感，但我觉得梦想给予的安全感更大。"

所以她的选择是：放弃自以为美好的爱情，

和真实的梦想在一起。

前两天，参加一个聚餐。席间有人感叹"北漂"之苦，为了梦想来到这座城市，远离家人，忍耐寂寞，挤着地铁，吃着煎饼，辛苦拼搏，如今梦想成了碎梦，不知何时才能成真，而家乡的他/她早已结婚生子，幸福生活……

此言一出，附和者众多。在座数人，除了一两个北京"土著"，其余皆是"北漂"，尽管多数是事业小成，房子已经付完首付的"北漂"，但说起漂泊之苦，都是各有各的心酸，一时间唏嘘慨叹声此起彼伏。

这时，有人冷笑一声，"又想陪父母，又想好好结婚生子过安逸日子，又想实现梦想，事业名利双收，你们以为自己在演哆啦A梦剧场版吗？"

一句话，犀利得让所有人无言以对。

接下来的聚餐，再也无人提起这个话题。

后来我和这位语出惊人的哥们儿又有过一些工作上的来往。

一日谈毕工作，聊起当日的事。

他不好意思地说："当时我说话冲了点，但我的确很不喜欢听人诉苦。人不可能什么都要，这是一个很简单的道理。难道你不觉得，感叹漂泊很苦，这本身就透露出一种不自信吗？漂有什么不好？比如我，我的梦想是做出一家上市公司，那我就得把自己抛离安全的轨道，就得漂着，漂着我才能强大啊。你要真给我舒适安稳的日子过着，我还担心我的拼劲会被消磨没了。"

"选择了就要认，否则不要选。"最后他总结道。

的确如此。

我们都不是大雄，都没有哆啦 A 梦，所以不能任性。把自己抵押给梦想和冒险，就不能再同时抵押给安逸和现实。

但勇敢、自由、梦想、努力、志同道合的伙伴，难道不是人生最美好的事物？我们都是为了和这些更美好的事物在一起，才做出了最好的选择，像韩寒说的那样："和你喜欢的一切在一起。"

这是一个简单的道理：当你已经和人生里许多美好的事物在一起，那么对于已经抵押出去的筹码，就不必再扼腕叹息。

有所期待的人生，不会黯淡无光

梦想真的无关大小，只要你有，只要你为此去行动。无论何时，都尽力去滋养你的梦想，总有一天，它会反哺你的人生。

纯爱少女漫画《好想告诉你》中的女主角黑沼爽子，刚出场时，气质酷似《午夜凶铃》里的贞子，是一个在班级里被孤立的人见人怕的女孩。但乍看气质阴郁的她，其实是个相当乐观开朗的孩子，即使被所有人忽视，嫌弃，也永远告诉自己，下次再努力。

她的座右铭是"日行一善"，梦想是变成一个爽朗的人，交到很多朋友，就像她憧憬的男孩那样。

她每天做的善行都相当可爱。

黑板每天是她在擦；花坛里的花，每天都是她放学后去照看；放暑假了，老师需要学生帮忙，没有人愿意举手，她怯怯地举手，此后每天顶着酷暑去学校；用心把笔记记得很详细，主动借给大家看；因为大家都叫她贞子，为了满足期待，她去图书馆借怪诞书，背下里面的恐怖故事，有机会就给人讲；夏季试胆大会，为了让所有人玩得尽兴，她一个人披散着头发穿着白色连衣裙躲在漆黑的树林里，等着同学经过时出来吓人；上学路上看到一只被遗弃的狗狗在淋雨，会把伞借给它，结果自己淋成落汤鸡……

沉默、温暖，可爱的日行一善，终于被所有人看在眼里，终于一点点融化了误解，消泯了界限，让她实现了交很多朋友的梦想。

变得爽朗，交到朋友，对大多数人来说，这几乎不能称之为梦想。

但梦想又何必分大小。

只要真挚，即使只是一个交朋友的梦想，也能让一个 15 岁的少女在青春的眼泪和笑容里蜕变出更好的自己。

只要真挚，日行一善的梦想和做一件伟大善事的梦想，也并没有区别。

住过大学附近一个小区，小区是老楼，老人多。每天出门去上班，总能遇到遛狗散步的老人。一次经常出入的西门翻修，我只好绕路去北门，路过一栋楼，发现一楼的院子里有好几只猫，我是个爱猫成痴的人，当然要停下来逗一逗，拍几张照留念。

这时一个老太太端着好几个猫饭盆出来，呼啦一下，不知从哪里钻出来一大群猫，围过来喵喵直叫，我数了数，居然有 20 多只。

和老太太聊过才知道，那都是她从不同地方捡来的野猫。有的母猫刚生下小猫，缺少食物养不活，被她收留，有的是从领养机构抱回来的，还有的是被主人抛弃的宠物猫，奄奄一息地躺在路边被她捡了回来……

她一只只和我历数那些猫的来历，听得我鼻子发酸。

老太太没有儿女，养了一辈子猫，救活的野猫，收留的弃猫，数都数不过来，那些猫就是她的儿女。

曾经在旅途中遇到一个女孩，她告诉我，她是一个超级动物迷，素食者，坚定的动物保护主义者，同时还是一位刚刚起步的创业者，梦想是有一天在世界各地建立动物保护基金，运营全球性的动物保护组织，用自己的力量和影响力去左右全世界面对动物的态度，保护动物们的生存环境。

我问她现在有没有参加动物保护组织，有没有做过类似的志愿者服务，有没有养什么动物，她说这些都没做过，但她现在的重心并不是做这些事。为了实现梦想，她现在必须积累商业经验，积累人脉，学习运营，成就一番事业。

"城市救助站在救每一只他们看到的动物，领养组织在保护每一只他们能够保护的动物，爱护动物的人在抗议，在行动，每个人都在做着力所能及的事，而我力所能及的事，是利用我的能力和野心，做更大的事。"

现在，她创办的公司刚刚起步，她为自己留出了 15 年的时间，制订了 15 年的计划，意气风发，干劲满满。

无论是收养自己能力所及的每一只野猫，还是致力于在 15 年之后构建一个更好的动物生存环境，都让我为之深深动容。

梦想真的无关大小，只要你有，只要你为此去行动。

无论何时，都尽力去滋养你的梦想，总有一天，它会反哺你的人生。

去深圳出差，在客户的公司遇见一位 20 多岁的年轻助理，她说她的梦想是在 30 岁那年退休。我被这个奇葩的梦想惊艳到了，连忙问她打算怎么实现。

她告诉我，从大学开始到现在，她做过的工作不下 50 份，当然大部分都是兼职。目前她收入的来源分别是：升职空间很大的全职工作，写书的版税，兼职广告策划，股票，基金，以及她从大学经营至今的网店。说要"退休"，其实只是辞去全职工作，其余的收入并不会受影响。

"如果不是这几年不断地尝试，我大概永远都不会知道原来我擅长的事情这么多，原来这么多途径可以赚钱。"

"不辛苦吗？"我问她。

"当然辛苦。大学那会儿，一天三份兼职，算是常态，还要抽出时间念书，研究股票基金。网店早就雇了其他人在管理，我一个人肯定忙不过来。每天的时间都挤得特别满，所以也觉得特别充实。"

如果是这样的话，退不退休都没有区别吧？我问她"退休"之后想做什么。

她笑了，"第一件事当然是环游世界。退休之前我是努力赚钱，退休之后，我想尝试去做更多不那么赚钱的事，去更多的地方，接触更多的人，然后在这期间，只要顺便赚钱就好了。"

你会觉得这个30岁就想"退休"的女孩懒惰没有志向吗？我想不会。因为她30岁之前的人生履历，已经足够精彩。

她将自己的才能、时间、体力、精力、头脑、智慧完全利用起来，去实现那个多少有些奇葩的梦想，然后她真的可以过上梦想中的生活：赚够了钱，就去环游世界；旅行够了，就去做其他的事情，世界这么大，可以做的事情这么多，我相信她30岁之后的人生，会更加精彩。

等到老去的那一天，她坐在阳光下回忆一生。所有的片段就像烟火划过夜空，华丽璀璨，哪怕最终的结局是消逝，也已尽情绽放过，没有任何遗憾。

小时候我们诉说梦想，总是遥远到伸手不及，却在眼睛里熠熠生辉。那时，我们都期待自己长成更好的大人。

长大后再谈梦想，才知道有太多的人，已在追梦的半路失去踪迹。

　　宫崎骏《千与千寻》里有一句话：很多事情不能自己掌控，即使再孤单再寂寞，仍要继续走下去，不许停也不能回头。

　　用来谈论人生和梦想，刚刚好。

　　不许停，不许回头，要一直走下去。

　　走下去，才会看见光亮。

若你还有梦，此生就已值得庆幸。

有趣的人生总要有几次义无反顾

以梦为马，去做那些让你义无反顾的事，哪怕今日天涯，明日海角，也好过内心颠沛流离于尘世，无梦可依。

宇欣第一次去芬兰，是作为交换生去留学六个月。

十九岁的女孩，在陌生的北欧国家里，看什么都新鲜，玩得很开心，但是，最后两个月，她开始感到孤独。

孤独到难以忍受，以至于交换期还没结束，她就买机票提前回国了。

随后大学毕业，大多数同学都选择继续深造，宇欣却决定出国工作。不是为了弥补之前对孤独的逃避，她只是很想做一些不一样的事情。

很果决，却没有失去理智。她投了三百份海外简历，同时也投了二十份国内简历作为退路。

最终，一份来自芬兰的机会将她再一次带到了那个并不热情的国家。白羊座的宇欣很自来熟，擅长和陌生人迅速打成一片，事实上，她在芬兰的前半年时间，的确过得很快乐。她和当地人一起喝酒、聊天、做饭，周末去隔壁的国家瑞典旅行。

但孤独感很快就卷土重来。

赫尔辛基逛遍了，北极圈也去过两回，在码头、广场喂过许多只鸽子，宇欣开始在每天下班后无所事事。她发现，在这个圣诞老人的国度里，人们活得一点也不狂欢，一点也不热情，除了谈论天气，她和他们的对话无法深入下去。宇欣有时坐在公交车里，看着车里的人隔着遥远的距离，彼此都不交谈，就觉得难以言喻的寂寞。

冬天，极夜开始影响这个国度所有人的生物钟，宇欣有时起床，刚吃过饭，天色就暗了下来。白昼的短暂，阳光的缺乏，令人郁郁寡欢。

十八个月后，宇欣终于选择离开芬兰。

朋友都说，你看，这果然是一次错误的选择。

父母更是对她一通数落：早就叫你不要去，现在好了吧，灰头土脸地回来了，工作又得重新找，一切都要重新开始……

宇欣没有时间消沉，也没有打算停下来，她申请到一家跨国公司的职位，同时计划着去中东和挪威边境的北极科考小站。

工作稳定，早日组建家庭，生儿育女，这是父母对宇欣人生的期许。

而一场没有重复的人生，才是宇欣的人生梦想和憧憬。

为什么一定要在很年轻的时候就决定一生要走的路？我还年轻，我想要走遍这个世界，宇欣想要每一天早上起来，都对这一天充满期待。

无关成败，也无关乎最终的结局。

以梦为马，去做那些让你义无反顾的事，哪怕今日天涯，明日海角，也好过内心颠沛流离于尘世，无梦可依。

"一个理想主义者，应该听从自己的心。"丹尼尔去南美做义工时，给夏幸发邮件。

当时，夏幸正在开会。公司接了一个大单，要她负责创意文案，可是预算不够。夏幸在会议上唇枪舌剑地和老板谈判，要求增加预算。

夏幸没有告诉老板，她那段时间正好得到一个机会，可以随行一个纪录片摄制组去非洲的塞伦盖蒂草原。

导演系毕业的夏幸，毕业后找不到电影相关的工作，只好靠叔叔的人脉进了这家著名的 4A 公司。工作中唯一和电影沾点边的是拍摄商业广告和微电影，但她做的是策划工作，除了提供脚本创意，根本轮不到她插手现场工作。

能够随行摄制组，即使只是打杂，也是她一直以来梦寐以求的工作。但如果去非洲，就必须辞掉现在的工作。在上海这座大都市，谁都知道辞掉工作意味着什么。况且纪录片摄制组是几家全球性公益组织赞助的，能够提供的报酬相当微薄。

丹尼尔的邮件里说，他在布宜诺斯艾利斯的旅馆里做了个梦，梦见自己去了还在繁盛之时的楼兰古城。

夏幸一面遥遥遐想楼兰古城，一面看到老板已经给出预算上限，离自己的理想目标差了一大截。想到自己的创意和策划有一大半要付诸流水，夏幸不由得叹了口气，合上了会议笔记。

老板吓一跳，问怎么了？不就是预算吗？没问题，我相信你能搞定。

夏幸给老板看丹尼尔的邮件。老板夸张地翻个白眼："布宜诺斯艾利斯？你们这些人，就是太理想主义。"

为什么不能理想主义？曾经在中国留学的丹尼尔，后来回德国在一家法律事务所做法律顾问，服务的客户都是全球五百强公司，薪水十分优渥。但他的理想一直都是做公益事业。几年后，他向着他的理想出发了，从此整个世界都是他的家。

而我呢？夏幸想。

辞掉工作时，夏幸对自己说：嗯，一个理想主义者，应该听从自己的心。

米歇尔常被人说成理想主义者，但她其实没有什么了不起的梦想，她唯一的梦想是：未来有一天和自己的孩子谈起人生时，有足够的谈资。

年轻时，她试着去做很多事。有一年，她趁着大学寒假，独自去印度做了一个月的志愿者。跨年的那个周末，她和小伙伴们去沙漠玩，年后坐火车从金色之城杰森梅儿回新德里。

当时天色已晚，时间很赶，她和另一个台湾女孩同行，进了火车站，两人想都没想就上了一辆停在站台的车，松了一口气准备躺下来休息。

查票的印度大叔过来检票，发现她们坐错了车。本来是要北上新德里，结果上了开往南印度的车。大叔紧张地说，你们赶紧下车。当时车已经开动了，米歇尔和台湾女孩茫茫然地被推搡到门边，抱着枕头毛毯就这么连滚带爬跳了下去，幸好没有受伤。

下了车，车上的人都趴在窗口，相当热情地招呼她们赶快上对面的车。于是她和台湾女孩又冲向对面站台，一辆鸣着汽笛的火车刚刚进站。还没停稳，两个人就把枕头毛毯和行李扔了进去，台湾女孩先跳了上去，米歇尔犹豫间已经被车上看热闹的人拽了上去。

一上车，又傻了眼。

原来这辆火车也不是开往新德里的。正打算等车停稳后下车，谁知被车厢里一群年轻的男孩子缠住了。一开始只是搭讪，后来越闹越不正经，其中一个男孩甚至想要凑上去亲台湾女孩。米歇尔想起新闻里报道的印度公交强奸案，害怕得浑身发抖。

幸好遇到一个英语很好，看上去很斯文的大叔，上前劝住了这群男孩。大叔问明她们的目的地，还帮她们找到了车。

回到中国，米歇尔当然不敢和父母提这段经历，怕他们担心。但她和台湾女孩兴奋地说："等以后有了孩子，一定要跟孩子讲妈妈在印度跳火车的惊险故事！"

不仅是印度跳火车的故事，未来她大概还会有更多的谈资，足以跟自己的孩子讲一辈子"妈妈和这个世界之间发生的故事"。

曾听朋友洛维奇讲过她的一段见闻。

她在英国留学打工时，常常在假期出门旅行。有一次她决定去挪威，但挪威酒店很贵，于是她想起了沙发客。

洛维奇发出了几十份沙发客的申请，最终收留她的是一个挪威的四口之家。令她相当惊喜的是，四口之家的男主人居然是一位挪威海军军官，这让从小就迷恋海军的洛维奇兴奋到不行。

不料来接她的不是男主人，也不是女主人，而是一位来自泰国的保姆，同为"欧洲漂"的亚洲女孩，洛维奇和她一见如故。

两人夜里在沙发上分享事物，聊了很多彼此的事。泰国姑娘说她精通四国语言，她告诉洛维奇，她的专业是国际教育，梦想是让更多的泰国孩子学会外语，走出来看看这个世界。就像她一样。看看这个世界到底有多大，而他们在国内的烦恼又是多么的渺小。

泰国姑娘的双眼熠熠生辉。洛维奇却湿了眼眶。

描绘梦想，我们总是习惯呕心沥血，生怕不能把自己感动得泪流满面。

但实际上，若用最通俗的语言描述梦想的含义，无非就是做你想做的事，过你想过的生活。

为此，无怨无悔。

过一场没有重复的人生，为喜欢的工作远走非洲，印度的某一次跳车经历，让更多孩子出来看看世界的愿望——所有赐予你热情，给予你动力，让你义无反顾想要实现的事，都可以是梦想丰满的羽翼。

第四章

DISIZHANG

所谓奇迹，就是
『越努力，越幸运』

昨天的我你爱搭不理，今天的我你高攀不起

　　最狠、也最让人释怀的报复，不是针锋相对，以牙还牙，以血还血，而是让自己站到他们不可企及、只可仰望的位置上。

（一）

　　一位网络画手，年纪轻轻就出版了一部畅销漫画，靠版税养活了全家人。在此之前，因为家境不好，她没有钱学美术，只能靠自学，靠接一些画漫画的兼职活来磨炼画技，最初连画板都是借钱买的。

　　像所有怀抱梦想的傻孩子一样，她撞过无数堵墙，被无数人否定。父母要求她收起画画的心思，好好学习，考上大学，找一份稳定工作；老师说她画得太烂，根本不可能当漫画家；身边的人也都嘲笑她，劝她别做白日梦。

　　但她到底还是咬牙坚持，用无可置疑的结果让所有人闭上了嘴。

　　有人问她，是否怨恨那些曾经阻碍、否定她梦想的人。

　　她说，当初的确恨得不行，一心只想着有一天功成名就，要

把我最好最畅销的作品狠狠摔到他们脸上，趾高气扬地说一句："当初是谁说我成不了漫画家？"痛痛快快出一口恶气。可是，等到我真的如愿成为漫画作者，拥有自己的粉丝，可以尽情画画的时候，心里已经没有怨恨了，反而觉得感谢，因为如果当时没有他们的嘲讽和否定，我也不会拼到这种程度，不会这么快实现梦想。

（二）

去美术馆看摄影展，遇到一个女孩。我们在一幅 1900 年的摄影作品面前站定，同时看得出了神。

回过神来之后，相视一笑，聊起这幅作品的好，惊讶地发现我们的观点如此相似。

我问她："一个人？"

她回我："你也是？"

独自去看展览的人不多，尤其是女孩，我们一见如故，惺惺相惜，携手去美术馆楼下咖啡厅小坐。

坐下来后，聊起各自对摄影的喜爱。

我很不好意思地告诉她，我之所以喜欢摄影，是因为前任男友的影响，他是个摄影师。

她也很不好意思地告诉我，她是个刚入门的摄影师，之所以喜欢摄影，也是受前任的影响。不过她的前任不是摄影师，而是一个骨灰级的资深业余玩家。

所谓骨灰级玩家，通常是指那种花几十万买设备眼睛都不眨，出门必定是"长枪大炮"在手，镜头带好几个也不嫌重的人。

这么说，她的前任是个有钱人。

她点头，是个富二代，有钱，而且很渣。

渣到什么地步呢？他宁愿花好几万买个镜头，也不愿意给当时过得很拮据的她补贴一下生活，他会把发高烧的她扔在一旁，和俱乐部的朋友高高兴兴开车去山里拍云海、拍日落，甚至他和别的女孩亲近，也会一脸满不在乎，嫌她管东管西。

她哪里在乎他的钱呢，也并不指望他宠着自己，只不过是喜欢他有才华，喜欢看他投入一件事的认真和疯狂。但认真和疯狂并不能滋养爱情。

分手的时候，他们大吵了一架。她说她累了，分手吧。他却恼羞成怒，说了很多难听的话。其中一句，她一直记到现在：没用的女人。

她那时的确没用，读一所三流大学，毕业了找不到好工作，薪水低，日子拮据，也没钱买化妆品买衣服打扮自己，难怪他从不肯带她出去，是怕丢他的脸。

分手没几天，她在街上遇见他。他挽着一个打扮入时妆容精致的女孩坐进他的车里。

眼泪吧嗒吧嗒掉了一地，她赌咒发誓，一定要让他另眼相看。

幸好她长得还算漂亮，动用了从小到大所有的人脉关系，拿出拼命的气势，终于找到一份摄影模特的工作，从服装模特，到商业广告模特，再到登上杂志内页，户外大屏，从一开始的生涩到后来的娴熟，其中辛苦一言难尽。

终于在一次晚宴上遇见他。他的父亲是广告赞助商，她是那支广告的女主角。她穿着一套下血本买回来的昂贵的晚礼服，端着高脚杯，优雅地向他的父亲伸出手。他站在一旁目瞪口呆。

痛快极了。她说。

但从那以后，她忽然觉得无趣了。原本模特就不是她喜欢的工作，比起在人前光芒四射，她其实更喜欢幕后的工作。

于是她想到当摄影师。

"刚开始也想着成为专业摄影师，在他这个业余者面前再扬眉吐气一回。"她笑道，"但现在，我是真的喜欢上了摄影，发现这个世界很大，我想拍的东西也越来越多，没必要再和他争一口气了。"

我点头，轻轻说，姑娘，好样的。

（三）

某演艺公司高层，是业界知名的金牌策划人，她担当策划的好几个电视节目在国内都很火，很难想象十年前，她是靠着叔叔的关系才得以进入这个行业，而且几乎是一张白纸，什么也不懂，连明星都不认识几个。

刚开始，叔叔安排了一位经验丰富的前辈带着她四处跑，长见识长经验。

她从小被父母宠着长大，没吃过苦，人情世故一点都不通，前辈倒是愿意带她，但她自己却懵懵懂懂的，前辈说什么就做什么，一点主动学习的念头都没有，更别提举一反三，提出自己的想法和创意了。

就这样，前辈带了她好几个月，她的长进却不大。

某次，她参与策划一场地方节日晚会，邀请的压轴明星，是当时正走红的一位年轻女歌手，当时前辈同时负责另一个重要项目，抽不出太多时间顾及这边，她只好自己去见女歌手和经纪人，商量晚会出场的相关事项。

她找到女歌手的经纪人，详细说了公司的策划和相关安排，经纪人提出了一些意见，她仔细记下了，说要回去和前辈商量一下再给回复。正要离开，恰好女歌手推门进来找经纪人，她连忙打招呼，介绍自己，那时女歌手刚刚走红，心高气傲，架子大得很，看都不看她一眼，只顾着和经纪人说话。听经纪人提到演出的具体安排还没确定时，女歌手明显不高兴了，说："这么点要求都做不到？那还请我干吗？"

并不是做不到，只是她做不了主，需要回去汇报给负责人……没等她解释完，女歌手一脸嫌弃的表情："居然让这种小角色来和我商量，真是浪费时间，下次别让我再看见你，直接叫你们负责人来，否则我就拒绝出场！"

她被赶了出来，狼狈地站在经纪公司的大楼下，气得眼泪一滴滴往下掉。

从小到大，谁不是宠着她让着她，她何曾受过这种气？

不过是刚刚走红的一个歌手，有什么了不起？

她后来说，当时她在脑子里构思了一百种报复女歌手的方式，包括动用叔叔的关系，借用表哥演艺圈的人脉，断绝后路的办法，都想到了。

等到冷静下来，她发现自己已经在街边站了一个小时。

当然，最后她什么也没做。

此后，她像是突然开了窍，工作能力开始突飞猛进，加上不要命般的勤奋，她很快就脱离了前辈的指导，开始独当一面。等到她独力策划的网络节目被电视台买走，在黄金时段播出，一炮而红，已是八年之后。她忽然变成了金牌策划人，在业界声誉日盛，不少嘉宾在她的节目中出场后走红，越来越多的小明星和她拉关系，希望拿到入场券，其中也包括当年那个看不起她的女歌手。

女歌手走红几年后，因为没有拿得出手的新作品，一直靠着早年的几首经典歌曲勉强支撑，此时当然希望借助这档火得不行的节目挽回一点人气。

本以为她会拒绝，然后狠狠奚落女歌手一通。结果她居然同意女歌手出场，并且邀请了一批十年前走红的明星，以十年、逝去的青春、经典回忆为主题做了一期节目。

节目大获成功，唤起无数人的怀旧之情，赚足了唏嘘和眼泪，女歌手也借此重新在公众视野里刷了一把存在感，从此身价倍增。

周围的人表示不解，当年她那么对待你，你不报复也就算了，居然还帮她？

她云淡风轻地笑，这不是帮她，而是帮我自己，在演艺圈，互相倾轧不如互助共赢，捧红了她，对我也有好处。再说，当年我的确是个菜鸟，她那么对待我，也不算错。

"没想到你这么大度。"旁人啧啧赞叹。

她摇摇头，其实不是大度，只是她站在今日的位置上，看得更远，视野更广罢了。几年前，她也念念不忘女歌手的羞辱，发誓将来有一天一定要成功，要被万人仰视，要让她来低声下气求自己给她机会。但等她有了今日的成就，再回过头去看，当年那点羞辱不过一件小事，已经不值一提了。

每个人的一生，或许都要遇见这样的人，他们不喜欢你，不承认你，嘲笑你，否定你，打击你，甚至想方设法阻碍你，仿佛是上天派来折磨你的恶魔，他们让你痛苦流泪，伤痕累累，让你开始怀疑自己的坚持，让你必须花费千百倍于从前的努力才能抵达目标。

于是你怨天尤人、痛恨、咬牙切齿，发誓总有一天要狠狠报复他们。

而当你在成长的道路越走越远，你终将意识到，上天派来的那些恶魔，其实也是你梦想路上的引路人，尽管他们引路的方式太过粗暴，却效力十足。

你还将意识到，最狠、也最让人释怀的报复，不是针锋相对，以牙还牙，以血还血，而是让自己站到他们不可企及、只可仰望的位置上，让他们的伤害在你越来越精彩纷呈的人生里、在你越来越广阔的世界里变得不值一提。

要知道，你的强大，才是对那些伤害你的人、对生命里所有难堪际遇的最狠报复。

没有公主的命，就别随便犯"公主病"

女人都是多面能手。因为她们不知道，生活会在什么时候对自己提出苛刻的要求。

亲爱的表妹，前几天你打电话给我，诉说你在工作上遇到的委屈，说着说着就哭了，哽咽着问我以后怎么办。原谅我当时并没有告诉你怎么办，只轻声细语安抚了几句。

是的，我能想象你在电话那头梨花带雨惹人怜爱的模样。你从小就长得好看，穿着公主裙，嘟着小嘴，粉嫩可爱，要是你哭了，就算做了天大的坏事，大家都会原谅你。你一定觉得奇怪，为什么小时候百试百灵的招数，现在一点用也没有。现在的你要是哭了，那个刻薄、脾气又坏的女上司会叫你出去哭，免得影响别人工作。

其实你心里很清楚，外面的世界比不得家里，没有人会像你的家人一样，把你当小公主宠爱，所以你在得到人生第一份工作时就做好了心理准备，打算把那些任性刁蛮的公主脾气收一收，像其他人一样，认真工作，和上司同事好好相处。

谁能料到，你一踏入职场就遇到了烦人的女上司呢？你告诉我，她也不过三十多岁的年纪，并不老，但总是穿一身土气的灰色职业装，就像你中学时那个严厉古板的老班主任，长得不好看，又不苟言笑，让人望而生畏。你说一定是因为你太可爱，又喜欢打扮，她才看你不顺眼，处处针对你：所有琐碎繁重的工作都分派给你做，从来不表扬你，交上去的文件，哪怕有一个错别字，她都要训你几句，退回来重做。

有一次你买了的新款手链，戴在你白皙的手腕上十分抢眼，同事都围过来说好看，偏偏只有她，经过时冷冷瞟一眼，说，就会在这种事上用心，难怪工作做不好。你气得泪花在眼眶里打转，死死忍住了没有回嘴。

你在电话里向我哭诉，说你恨死她了，再这样下去，你肯定会忍不住跟她大吵一架。

哭完之后，你很冷静地问我，如果真的因为跟上司吵架被炒鱿鱼，是不是会影响到下一份工作？是不是你自己主动辞职会比较好？

亲爱的表妹，看来你已经动了辞职的念头。

其实我无法告诉你辞职的选择是好还是不好。因为我觉得有一句话说得很有道理：你所有的选择都是正确的，只要你能够承担结果，并且决不后悔。

没错，如果你能够承担辞职的后果，并且不后悔，那你当然可以潇洒地辞职走人。

但我想提醒一句，假如你认为辞职的后果不过是丢了一份工作，你只需要付出一些代价，譬如时间和精力再找一份工作，那就错了。你需要承担的辞职后果是要接受这样一个事实：你放弃了一份烦人的

工作，摆脱了一个烦人的上司，但谁也不能保证你接下来将得到一份更好的工作，遇见一个更好的上司。

现在你明白了吧？

我知道你看过让·雷诺主演的电影《这个杀手不太冷》，还记得娜塔莉·波特曼演的小女孩在某一次被父母虐待后问杀手的问题吗？她问他："人生总是这么痛苦吗？还是只有童年如此？"杀手回答她："总是如此。"

这或许是个不太恰当的例子。但我想他说出了人生的某种本质，你不能指望逃离一种糟糕的境遇后，从此就可以过上幸福快乐的生活，这是童话。现实的人生是，痛苦永远不会断绝，旧的痛苦走了，新的痛苦仍会到来，你无法改变境遇，能够改变的唯有自己。

你当然知道公主只能活在童话里，所以你说你收起了公主脾气，可是我看到的只是你表面的顺从和忍耐，你的内心其实仍然希望自己像公主一样受人喜爱和追捧，不能忍受别人的忽视和责难。

职场需要你顺从和忍耐，你必须在一定程度上听从上司的话，忍耐工作的枯燥和琐碎，忍耐其他人，包括同事、上司、客户的缺点和脾气，工作才能顺利进行。但这不应该是被迫的。你之所以顺从和忍耐，是为了自己，为了把工作做得更好，为了让自己更出色更优秀，而不是为了做给别人看，让别人来迁就你夸奖你。

也许你那位严肃古板的女上司，正是因为看穿了这一点，才对你印象不佳，因而处处为难你。上司也是人，也有情绪和好恶，你不能怪她仅仅因为不喜欢你就针对你。

但如果你愿意换个角度来看，或许你就会发现，她其实并没有那么针对你。委派给你更多的工作，也许是在重用你，给你更多机会呢？对你严格、挑剔，也有可能是对你寄予厚望，希望你更完美呢？

即使这些都不是她的本意，你也可以把她所有的挑剔和刻薄都当作是对自己的考验和磨炼，借此迅速改进工作方式和态度，让自己变得更完美。

台湾创意天后李欣频曾在她的书里写，要脱离糟糕的现状，最好的方法不是逃避，而是想办法让现状变好，好到你不想离开的地步，这样一来，不知不觉你就会发现，自己已经脱离了现状，踏入了更好的未来。

如果你自己不改变，逃避一种糟糕的境遇，结果很可能只是让你落入另一种糟糕境遇。

既然说到这里，亲爱的表妹，不如听表姐再啰唆几句题外话。

不知道你有没有思考过这个问题：你将来想成为什么样的女

人？当父母的小公主，男友的小宝贝，轻松工作，享受生活，遇到不顺心的事就撒手不干？还是独立自主、可靠优秀，靠自己闯出一片天地的女人？

我并不是要评判哪一种更好哪一种更坏，要知道，女人可是相当复杂的生物，决不仅仅只有一面。

我有一个朋友，是时下常见的"女汉子"，外表气质性格都和你正好相反。身为销售主管，她的工作作风相当强悍，在公司说一不二，和客户应酬时八面玲珑，喝起酒来以一挡三，男人都不是对手。但就是这样一个女汉子，最大的爱好却是料理，每次和她出去玩，她总要带些自己做的精致小点心分给大家，平日里我们也经常收到她做的泡菜或者寿司，而且她最喜欢的颜色居然是粉色，工作之外的衣服、包包，几乎都是粉色系，在男友面前，完全就是一个娇滴滴的小女人。

你是不是觉得这样的人很奇葩？或许等你再长大一些就会知道，女人都是多面能手。明明觉得化妆好麻烦，但一定会努力学习打扮；明明是个吃货，却仍然会费尽心思保持身材；不喜欢穿高跟鞋和裙子的女汉子，在必要的场合也会迅速变身成优雅妩媚的女人；就算是个工作狂，也一定会抽出时间来享受生活的一点小情趣；就算日常生活中懒得不行，也一定会很努力地去学习和尝试新鲜事物……

因为她们不知道，生活会在什么时候对自己提出苛刻的要求。有时，你必须成为可靠的人，让上司同事客户都信赖你；有时你需要有强健的身体，强大的心灵，应付生活中的各种难题；你要玩得来小清新，装得了女王范儿，温柔体贴，知冷知热，在外表上费工夫，花时间丰富内心，让自己成为一个让人惊喜、值得交往的人。

你看，要成为不错的女人，一点都不简单呢。

和这样的女人相比，童话里的公主是不是显得很苍白？

我的表妹，不要再将女上司的苛刻看作天大的烦恼，你已经到了可以认真思考这个问题的年纪：不久的将来，你想要成为什么样的女人？

知道自己的美好，无须要求别人对你微笑

并非所有的努力都必须求得一个完美的结局。仅仅成长了自己，也不失为最好的结局。

网上有一位84岁的老奶奶，喜欢穿花哨的衣服，化很艳丽的妆，涂粉色指甲油，爱自拍，活力四射，热情可爱。她的自拍照，常常得到数万人点赞和评论。

看过她的一张照片，老奶奶穿一件色彩缤纷的T恤，在一群年轻帅气的男孩围绕下，比出剪刀手，露出孩子气的搞怪表情。

没有人觉得那张满是皱纹的脸不美。

这个活到84岁也丝毫不曾老去的女人，让我想起法国女作家

玛格丽特·杜拉斯对最亲密的女友说过的话："真奇怪，你考虑年龄，我从来不想它，年龄不重要。"

我想，84岁仍然爱美，说着"年龄并不重要"的人，其实都是不在乎结局的人。

在她们眼里，人生是过程，是每一个当下，是此时，此地。

70多岁的杜拉斯写一篇小说，难道还担心能不能卖出去，能不能换来评论家的好评？多写一个字，都是对这场精彩人生的最好交代。

很多时候我们以为，做一份工作，实现一个梦想，爱一个人，过一场人生，这一切必须指向某个阳光灿烂的结局，否则就是失败，否则就不值得。

其实不是的。

泰国电影《初恋那件小事》的女主角小水，一开始只是一个没有任何长处的平凡女生，唯一拥有的是青春，但青春也只是作为陪衬，衬托出她的平凡罢了。

青春期的孩子，谁都有憧憬向往。男生向往最可爱、最美好的女生，女生也憧憬最优秀、最帅气的男生。正是在这样的憧憬向往里，他们第一次以他人为镜，照见自己。

从那个名叫阿亮的优秀帅气的学长身上，小水第一次看到自己那一无是处的平凡，并为此深深自卑。

像所有情窦初开的少女一样，为了接近帅气的学长，她做了很多傻事：为了经过他的教室而绕远路；在角落里偷看他的一举一动……

　　却也为了能配得上学长的优秀，她开始很努力地改变自己。她申请加入舞蹈社，参演根本没有人喜欢看的话剧社，她还去练习军乐指挥……一切都是为了能靠近阿亮一点，哪怕只是一点点。

　　到了初三，小水终于褪去了最初的平凡，变成了学校里最可爱、最受欢迎的校花。毕业时，她有了足够的自信和勇气向学长表白。谁知学长在一个星期前已经和另一位学姐在一起了。

　　电影的结尾，小水成为一流的服装设计师，从美国回来与学长重逢。错过了九年，王子和公主终于幸福地生活在一起，像所有童话的结局。

　　我看了，却觉得这是一个多余的结局。

　　灰姑娘失去了她的王子和爱情，但她已经蜕变成长。故事到这里就可以完结了。因为，无论最终她是否得到王子的青睐，她都已是人群中最耀眼的公主。

　　这已是最好的结局。

　　有位朋友，从中学时代开始就一直喜欢日本的某位偶像男星，为了加入大本营设在上海的粉丝团，第一时间得知他的动向，她争取到了在上海工作的机会；为了听懂他说话，她自学日语，考过了二级证书；那位男星很少来中国，她就努力寻找出国的机会；

甚至因为这份迷恋，她最终嫁了一个日本男人。

父母曾说她不务正业，朋友也骂她脑残粉，她甚至曾为了去追男星的一场演唱会丢掉工作。直至现在，她仍然是粉丝团的一员，仍然迷恋着那位远在异国的明星，尽管她从来没有和他说过话，见过的次数也屈指可数，有时我问她，到底为了什么迷恋一个永远不能触及的人，你到底想求得一个什么样的结果？

她笑言，不求结果。

要什么结果呢？如今的她，和中学时代那个羞涩内向的女孩比起来，早已不可同日而语，因为参加粉丝团的缘故，她交际广泛，锻炼出了一流的组织能力和策划能力；因为日语好，后来跳槽至一家日企，职业生涯渐入佳境，如今家庭也美满幸福——这不就是最好的结果吗？

并非所有的努力都必须求得一个完美的结局。

仅仅成长了自己，也不失为最好的结局。

前段时间，身边的人都念叨着一句网络流行语："累觉不爱。"失恋了，对爱情累觉不爱；工作太忙，压力太大，对工作累觉不爱；一个人苦拼，看不到未来，看不到希望，对梦想累觉不爱……

所有横亘在人生路上的障碍，都会变成"不爱"的理由。

但你听杜拉斯说："爱之于我，不是肌肤之亲，不是一蔬一饭。

它是一种不死的欲望，是疲惫生活中的英雄梦想。"

世人都以为她说的是爱情，但我却觉得，她谈论的是人生。

工作中接触过一个女孩，漂亮，高挑，外形简直无可挑剔，心里惊叹，哇，好像模特。

一问，果然是模特。

"很久以前的事了。"她提及过往，语气云淡风轻。

几年前，她还是大学生，在一个模特比赛上得了亚军，签了经纪公司，从此开始了聚光灯下、舞台上的光鲜生活。

"真是光鲜。有时穿着厂商赞助的昂贵晚礼服去参加酒会，端着高脚杯，被众人簇拥着，会生出一种自己高贵如公主的错觉。"

没错，是错觉。离开酒会，衣服脱下来送回去，仍然是平凡的自己。但对这样华美的日子，她仍然沉迷了半年，直到有一次，她去赴一个饭局，席上一位富商要求她陪酒，言语里诸多不敬，她才猛然醒悟过来，或许光鲜的外表，是很多女孩子梦寐以求的，但这绝对不是她曾经梦想的未来。

辞掉模特的工作，她无所事事了一段时间，很快又找到可以做的事。她陪经商的父亲参加某个行业盛会时，结识了父亲一位朋友的儿子，由此开始了人生第一段恋爱，以及第一次创业。

两个人拿出各自的全部积蓄，开了一家服装店，从电商入手，一步步建立起自己的品牌。曾经做过模特的漂亮女孩，亲自跑工厂，跑渠道，甚至考察原产地，有时一头扎在工厂里，好几天不眠不休，浑身脏兮兮，蓬头散发也顾不上。

辛苦没有换来回报。服装电商胎死腹中，赔进去的，是两个人全部的热情和金钱，以及爱情。

男友垂头丧气地离开，找了一份朝九晚五的工作，她却没有气馁。第二次创业的点子，是她很早以前去巴黎旅行时就想到的。她自觉这个点子很不错，却苦于缺乏启动资金。各大投资机构，她几乎全都膜拜过，可是没有人愿意投资，甚至都没有人愿意听她说话。朋友介绍的投资人，她都是连夜订机票，飞往当地，一个个谈。

她本来就瘦，那段时间，更是瘦。朋友都开她玩笑："明明可以靠脸吃饭，非要靠努力。"

我也笑道："同感。"

她仍是那种云淡风轻的语气："容貌会老去，努力却不会。"

如今，她仍然和很多投资人在谈，仍然没有拿到第一笔投资。但是我们都知道，成功于她，只是迟早的事；也知道，即使这次创业仍然以失败告终，她也不会停止努力，停下脚步。因为她有"不死的欲望"，有她的"英雄梦想"。

一个从来不曾停下脚步的姑娘，没有理由不成长，没有理由不从失去里收获更多。

有时我们奋不顾身去追逐，去努力，固然是为了得到一个童话般的结局，得到成功和幸福，但谁也不能保证每一次追逐都能指向圆满结局。

现实往往是：追逐不一定就能得到，努力不一定就能有收获，甚至你拥有的一切，都可能随时失去。

人生的失去，失败，多少带着不由分说的意味，让你早有预感，又猝不及防。

你只能接受，独自吞饮苦果。

但每个人也都是在这条路途上一点点成长，一点点蜕变，最后变得光彩耀目。

别害怕迈出脚步。

所有的结局都是最好的结局。

你的恐惧来源于想象

过去的岁月看来安全无害，被轻易跨越，而未来藏在迷雾之中，隔着距离，叫人看来胆怯。但当你踏足其中，就会云开雾散。

曾经去剧场看实验话剧。

剧场在一条胡同里。不大却很高的大厅，一半是观众席，另一半就是舞台，彼此之间没有距离，演员触手可及。整出戏只有两个演员，一个是导演系的在读学生，一个是在职白领，于舞台剧完全是门外汉，两人却都演得专注而投入。

主题是恐惧。

一对恋人，对各自人生的恐惧，对现实的恐惧，对未来的恐惧，对亲密关系的恐惧，对感情失陷、受伤的恐惧，对距离的恐惧，对无法把控的自我的恐惧……

　　短短两小时的演出，将人心的各种恐惧演绎得细致入微。我坐在那里，看出一身惊汗。觉得那戏里演的处处都是自己的写照。

　　那阵子，正处于毕业前夕，职业选择的关键时期，想回老家，却恐惧于此后一成不变的日常，担心自己会屈从于父母的安排生活下去；想去更大的城市，却害怕等在前面的庞大未知，无法下定决心迈出脚步。

　　也正好刚刚结束掉一段心力交瘁的感情，重新开始新的恋情。还没有从上一段恋情的伤痛中走出来，心有余悸地与新的恋人交往着，时时都害怕重蹈覆辙，心里悲观得不得了，总觉得这段感情也长久不了。对方对我好一点，我就心惊胆战，生怕得到越多，失去越快。自己也不敢过多地付出，怕再次被伤得体无完肤。

　　真是满心满身的恐惧。

　　像被细线缠绕全身，束手束脚站在原地不敢动弹。

　　如今离当时不过几年光阴，生活却已转过好几个弯，柳暗花明。回望那时将我困住的恐惧，我总是想起柏瑞尔·马卡姆在《夜航西飞》里写下的话："过去的岁月看来安全无害，被轻易跨越，而未来藏在迷雾之中，隔着距离，叫人看来胆怯。但当你踏足其中，就会云开雾散。"

时间最终给了我答案。

时至今日，那段令我心惊胆战的恋情的确结束了，却也没有将我伤得体无完肤。彼此和平分手，还是朋友。我并没有为覆水难收的付出而后悔，也并没有过多地怀念这几年来他对我无微不至的好。并非不够爱，但真实的个中原因也很难讲清楚，或许是因为我在好几年的磨炼中已经变得足够成熟坚韧。

而我最终也选择了去更大的城市工作生活，前方等着我的确实是庞大的未知，气候、生活习俗、空气、人群，一切都是陌生的。但当我踏足其中，迷

雾就已消散。我像所有来到这里的年轻人一样，找工作，找房子，在陌生的小区、陌生的街道、陌生的职场里、陌生的人际关系间开始新的生活，并且逐渐生活得很好，直到终于融入这个城市的背景和气质，毫无违和感。

　　由此我意识到，站在今日的眼界和胸怀里，去恐惧有可能发生在未来的自己身上的悲剧，是一件很可笑的事。

　　未来的自己，哪怕是明天的自己，都有可能比今日的自己更厉害，更坚强。

　　今日弱小的我看到的如天崩地裂般恐怖的痛苦和灾难，在未来强大的我眼中，或许只是不值一提的烟云。

高中时期的同学，前段时间远赴伊斯坦布尔。关于那座横跨欧亚大陆的城市，她和我一样，只在周杰伦歌里听到过，"就像是童话故事，有教堂有城堡"，除此之外，一无所知。尽管如此，她却不顾家人反对，走得义无反顾。

选择伊斯坦布尔，并没有什么非去不可的理由。不是伊斯坦布尔，新德里也可以，布宜诺斯艾利斯也可以。只不过恰好她拿到了伊斯坦布尔孔子学院的申请，而且恰好交了个伊斯坦布尔的男友，于是就去了。

她的梦想一直没有确切的模样，唯一可以确定的是：梦想一直在远方。

出国之前，她邀请朋友们聚餐，大家都问她，怎么能这么轻易就做出决定呢？难道你不害怕吗？为什么非得去那里工作呢？国内难道没有好工作？一个女孩子家，独自去那么远的地方，谁也不认识，一个亲人朋友都没有，万一出什么事，万一男友对你不好，万一工作丢了，可怎么办？

她说，她的爸妈当时也是这样说的。其实，她自己也知道，值得担心害怕的事情的确太多了，真要说起来，三天三夜都说不完。

"但是，你们知道吗？"她轻轻微笑，表情安然，"对梦想和远方的身不由己的向往，会压倒所有的恐惧。"

如今，她同时在孔子学院和汉堡王市场部拥有两份截然不同的工作，嫁给伊斯坦布尔的男友，生下一个漂亮的混血儿，事业、生活都顺遂得很。

自然，父母和朋友担心害怕的那一切，全都不曾发生。

有人说，梦想就像一场试探，看我们能够付出多少不求回报，坚持多久不问结果。

看着她，却让我觉得，梦想更像一场豪赌。

付出一切，只为了赌一种可能性。

而仅仅是那一种可能性，就值得付出所有。

身边的很多人都不敢任性，慨叹着曾经的梦想渐行渐远，自己却被生活的琐碎和生存的压力困住，寸步难行。其中理由各种各样，但归根结底无非是恐惧：对失去的恐惧，对未来的恐惧。

其实，不必为自己找理由，错失梦想，那就错失。或许这错失会延续一生，或许，某一天你会找到一个契机，人生忽然柳暗花明。等到那一天，你会发现，所有的恐惧、担忧和害怕，只不过是因为你对梦想还不够挚爱。

记得当年那场正剧演完后，有一场小小的访谈，编剧从幕后走出来，年轻得出乎意料。她在讲话中，特别感谢了剧场的老板，感谢他对这出并不卖座的实验话剧的支持。

老板是一位长得圆乎乎的大叔，闻言，他呵呵乐道："不用谢我，我开这家剧场的初衷，就是为了支持年轻人，支持一切大胆的先锋实验戏剧。"

在寸土寸金的城市里经营一个并不赚钱的小剧场，台下观众忍不住担心："那您能经营下去吗？"

大叔笑道："如你所见，我已经经营至今了。"

另一位观众问："那您不害怕以后会经营不下去？"

大叔仍是一脸笑容："说实话，我真不害怕。因为我发现，当我下了狠心想尽一切办法非要做成这件事不可时，周围就奇迹般地出现了很多帮助我的人，比如说，各种捐款、赞助，我甚至还得到了一些相关慈善基金的经费，有很多有名的剧团愿意免费帮我撑场面，还有不少大学生来这里做义工，帮我们做宣传海报，做网站，等等。更何况，在座的各位，有你们这些热爱戏剧的观众在，我相信这个剧院会一直存在下去。"

经久不息的掌声，响彻这个小小的剧院。

而更打动我的，是大叔接下来说的一句话："我会尽最大努力去做，绝不轻易言败，但我也已经做好了最坏的打算。所以，如果有一天真的经营不下去了，也请大家不要担心。我会继续在这个行业，做所有我力所能及的事。"

不久前，和在剧院工作的朋友一起去小剧场看新剧。坐在剧场二楼的咖啡厅等待，我聊起从前看过的那出关于恐惧的实验话剧。

朋友听完，说了一句："一切恐惧都来源于想象。"

我一愣。

可不是么，都是想象。

第五章

DIWUZHANG

你要相信，没有
到不了的明天

兜兜转转，做回自己

　　人生为何要成为一场比较，为何一定要向着一个辉煌的终点进发？人生最好是一个过程，一个寻找答案、慢慢做回自己的过程。

　　认识两位做设计的朋友，一男一女。男设计师是典型的双子男，嘻嘻哈哈，思维跳跃得很，做出来的设计作品才情满分，用他的话来说，叫有感觉。可是，面对客户的意见或刁难，他总是最先炸毛的那一个。

　　"他们懂什么呀？"

　　"凭什么说我的设计不好？"

　　"那些人根本不知道什么才是出色的设计！"

　　……

　　诸如此类的抱怨。

　　所以他的上司从来不让他和客户直接对接，怕他一激动就把客户给得罪了。

　　女设计师和他正相反，她不仅不讨厌客户提意见，甚至还很喜欢主动和客户沟通交流，设计做出来，耐心地一遍遍改，从无怨言。

问过她："别的设计师都很看重自己的作品，会有骄傲、坚持，你怎么不这样？"

她一脸坦然地说："因为我想要的东西和他们不同。"

后来，她升职了，设计总监。

此时我才明白她想要的是什么。

而那位总对客户炸毛的男设计师，仍然留在原来的职位上，但他设计出来的作品得了大奖，指名找他的大客户多了，报酬也跟着水涨船高。

女设计总监说她还有更大的目标：成为公司高层，在更大的天地里施展拳脚。而那位不肯妥协的男设计师也计划着将来自己独立出去，开一间设计工作室，他说，到时候只做好设计，绝对不给一群什么也不懂还喜欢指手画脚的人提供服务。

看着他们二人，你会发现无从去比较谁更成功，也没有办法预料谁的前途更辉煌。

你会发现世俗的比较是无意义的事。

因为，你看到他们个性鲜明，目标明确，一心一意做自己想做、也适合自己做的事，无论结果如何，你都会忍不住为他们叫好。

去年参加高中同学会，发现从前那些成绩很好的"优等生"都走上了相似的人生轨迹：在很好的大学念书，一些人继续在更好的大学读研究生，或者出国留学，另一些人则找到不错的工作，成为大城市里标准而体面的白领或金领。

这样当然很好，但相似的故事听多了，不免觉得乏味。反而是过去那些学习不好的"坏学生"，各自的经历五花八门，有趣得多。

有的人念了一所三流大学，在大学期间开始开店创业，到毕业时，已积累了人生第一桶金，索性连学位都懒得混了，直接肄业，全心全意投身商界。

有的连大学都没上，没找到好工作，起初只是想赚点零花钱，在朋友间做代购，居然做出了口碑，如今已开了第一家外贸店。

有的人打网游打得炉火纯青，成了职业玩家。

还有的热衷旅游，一开始打算当导游，结果偶然的机会加入了一个旅游评测软件的创业团队，负责内容运营，做得相当出色。

每个人都活出不一样的风景，这样多好。

看一看四周，人们都走着差不多的路，读书，工作，努力从一枚职场菜鸟逐渐变得独当一面，游刃有余。

但逐渐地，我们都会走上不同的分岔路。有人向着赚钱的路狂奔，梦想着有一天叱咤风云，改变世界；有人只想在一方小小天地里做到极致；有人为工作砍掉多余的生活，有人放弃体面虚荣，沉下心来经营自己；有人在人群里如鱼得水，靠一张嘴就可翻云覆雨；有人则愿意退守自我，在静默里完成自己的人生作品……

那么多种方式，每一种都有它不可替代的精彩。

关键是，要看见那种方式，看见那条路，然后迈步走过去。

朋友的姐姐，模特身高，标准身材，但一直是个大大咧咧的姑娘，从小就有人说她适合当模特，她却完全不感兴趣，只喜欢打篮球，每天穿着篮球短裤在男生堆里玩得满身臭汗。

读高中时，朋友和姐姐出去逛街，恰好遇见在杂志社工作的叔叔，那天，杂志社的工作人员在外面为模特拍外景，正好原本约定的读者模特没来，叔叔看到姐姐，眼前一亮，立刻将她拉过来，让造型师、化妆师为她打扮。

姐姐急了，拼命推脱，绝对不行，不可能，她从来没有做过模特啊。

叔叔不耐烦，你就站在专业模特身边微笑就可以了，大家都知道你是业余的。

"没关系，交给我们吧，一定把你打扮得漂漂亮亮，和模特比起来也不逊色。"化妆师是个女生，笑得甜甜的，手上动作却利落得很。

朋友说，姐姐几乎是闭着眼睛任由摆布。换好衣服做好造型化好妆，姐姐惊呆了。镜子里那个长发微卷，甜美可爱的女孩子是谁？

她一脸恍惚地拍照，被叔叔骂了好几次，说她动作和笑容太僵硬。

后来姐姐买回那一期杂志，左看右看，觉得很神奇，怎么看照片里的她和现实中的自己都不是同一个人啊。

朋友见她抱着杂志着了迷，问她："姐，你是不是觉得当模特很不错？"

她不说好，也不说不好，只是仍旧抱着杂志入迷地看。

那阵子，家人甚至开始动真格地商量起了要不要支持她当模特的事，但又觉得她只是被一时的虚荣心迷惑，也担心她的性格和气质并不适合当模特。

终于等到她开口，出乎所有人意料，她问父母能不能同意她不上大学，她想读造型和化妆的专门学校，以后当一名化妆师。

朋友说，当时姐姐一脸严肃到可怕的表情，由不得父母不点头。

现在，姐姐已经成为好几位名人的专属化妆师。跟着名人去摄影棚时，身材高挑的她经常被人问是不是模特，她总是微笑，略带骄傲地回答："不，我是化妆师。"

模特这份职业当然比化妆师看起来更光鲜，但假若空有模特的壳，无一颗模特的心，她又何必勉强自己成为另一个自己？

记得高更说，怎样去活，其实是没有答案的。

深以为然。

没有答案，是因为我们都只能一直走在寻找答案的路上。

人生为何要成为一场比较，比谁赚得更多，谁职位更高，谁得到的名利更大，为何一定要向着一个辉煌的终点进发？

人生最好是一个过程，一个寻找答案、慢慢做回自己的过程。

一位同事，生性散漫，非常讨厌朝九晚五的生活，辞职的想法在脑子里过了很多次，终于还是不敢。

我有一次去她住的地方，吃惊不小。她房间里几乎整面墙都贴着乐队的海报，书架上则塞满了光盘，有些甚至是很稀有的版本。她不好意思地告诉我，她是个音乐发烧友，读大学时还参加过音乐选秀节目，可惜在预选赛就被刷下来了，一直以来的梦想是抱一把吉他走天涯，走到哪儿唱到哪儿。

"很理想化吧？"她苦笑，"我自己也知道。"

事实是，她担心自己以唱歌为职业，会活不下去，失败的话，会让最爱的父母对她失望。但眼下朝九晚五的上班族生活，她又真的很讨厌，害怕自己这样下去，会对现实妥协，埋葬自己的梦想。

听起来是个相当两难的选择。让我想起以前听来的一个故事：

有一个非常喜欢音乐的男孩，从小开始学钢琴，最擅长弹肖邦，梦想是将来开一场自己的独奏音乐会。可惜他是家中独子，父亲经营的公司，他是唯一的继承人，念大学时，他遵从父亲的意愿读了商科。

父亲去世时，将公司托付给他。他很想将公司托付给别人，去学自己喜欢的钢琴，但几百号人的生计握在他手中，他实在不放心将父亲一生的心血交给别人，何况，他又并不缺乏经营的才能。思前想后，他终于痛下决心，接手了公司的管理。

事实证明，他的确很有经营才能，公司在他手里生机勃勃，生意扩大了好几倍。十几年后，他开了一家音乐剧院，专门邀请世界各地顶尖的乐团和音乐家来演出。

剧院的首场演出，他和世界顶尖的交响乐团合作了一曲拉赫曼尼诺夫，由他最崇拜的大师指挥，而他担纲钢琴独奏。在顶尖的乐团面前，他的演奏也毫不逊色。

当然不会逊色。要知道，这么多年来，无论多忙，他从来都没有放弃过练习。

演奏完毕，他在雷鸣般的掌声中哭了。他终于实现了梦想，绕了这么大的弯，等待了这么久，但到底还是实现了。

我很想告诉那位同事：如果把理想中的你和现实中的你看成"非此即彼"的存在，那么，它们之间真的会演变出一场"不是你死就是我亡"、两败俱伤的角斗。

而心怀理想，努力沉入现实最深处，你会找到一千条可以走的路。

我们都要花很长的时间，走很远的路，才能最终成为自己。

但只要你愿意相信，那么总有一天，我们都会做回自己。

我们都一样，年轻又彷徨

迷茫本就是青春该有的样子。有时候你想，人生是不是就这样了。但是岁月终有一日会告诉你，人生不会只是这样。

"这日子过不下去了！"

你昨天约我去喝酒，特意避开了南锣鼓巷密密麻麻得让人胆寒的人群，选了一街之隔的北锣鼓巷一家坐落在四合院深处的清清静静的酒吧。

幽蓝的灯光照在你描了蓝色眼影的美丽眼睛上，你一口灌下杯中的莫吉托，恨恨地抛下这句话，掷地有声。

亲爱的，我很想提醒你，我已经不是第一次听你说这句话了。

也很想提醒你，没有人像你这样喝莫吉托。

莫吉托的薄荷气息，沁人心脾，静静闻着慢慢品着最好，猛灌一气，只会让它变得苦涩呛喉。

这种感觉像什么呢，哦，对了，很像你口中这些"过不下去的日子"。

在旁人看来，你的日子过得不能再好了。

你年轻，漂亮，身材娇小，气质可爱，在电视台工作，体面，高薪，每天可以睡到中午起床，然后打车去上班。没错，你在这座人人抱怨拥堵的城市里，几乎从未坐过公车和地铁，也没有经历过上班族谈之色变的早高峰晚高峰。

你有一个高大帅气的男友，他是个画家。当然不是怀才不遇的穷画家，而是经常举办个人画展的小有名气年轻有为的画家。他的作品一画出来，立刻就有画商买走。你们目前正在甜蜜地同居中，他大部分时间都在工作室作画，偶尔被你拉出来和朋友小聚，看得出来是个沉默不善言辞的人，望着你时，眼神却相当温柔。

这样的日子，你还说过不下去，不知情的人或许会说你矫情吧。

只有我明白，你迷茫不知所措，既没有过着梦想中的生活，也没有活出理想中的自己，不怪你时常把那句"日子过不下去"

挂在嘴边。

不知情的人并不知道，你那份体面高薪的电视台工作是你老爸的杰作，他要求你乖乖待在他的羽翼下，不允许你长出自己的翅膀，去外面吹风淋雨。所以你的工作清闲轻松，毫无挑战性和晋升空间，几乎让你忘了自己少女时期的梦想是拥有一份在世界各地飞来飞去，可以接触无数超模大明星，可以呼风唤雨叱咤风云的工作。

他们也不知道，你那位人见人爱的男朋友，是个坚定的不婚主义者。刚开始交往，他就对你坦承了这一点，你却因为太爱他，打算装作不在乎，只在心底偷偷藏了一丝见不得人的希望：也许你能像电影《他只是没那么爱你》中安妮斯顿饰演的那个女孩一样，和不想结婚的男友交往 7 年，最终成功改变他的想法呢。

如今，三年过去了，你开始觉得，你的希望太渺茫。因为你看到他毫不迷茫，没有一丝痛苦和犹豫，早早地为独身的晚年准备着一切必需品：健康的身体，足够的金钱，热爱的工作，以及一个永远不逼他结婚的女友。

你只是你老爸和你男友的必需品之一。

有时你自嘲，假如用一个和你长得一模一样的人偶替换掉有血有肉的你，他们大概也会欣然接受。

你当然也想反抗老爸，可是，他身体不好，你不忍心违背他。你怕他生气，怕他用爱要挟你，而你知道自己肯定立刻就会束手就擒。

你当然也想过离开男友，你的梦想明明是成为谁的娇妻，成为谁的可爱妈咪，一家三口，温暖甜蜜，可你真的爱他，爱得不得了，他几乎是你的全世界啊，你怎么舍得放手离开。

所以，除了找我喝酒发泄，你还能怎么办呢？

我亲爱的朋友，不知你还记不记得，从前的你。

我记得很清楚，你第一次离开家在异地上大学，住进寝室的第一晚，在关了灯的漆黑寝室，你蜷缩在床上瑟瑟发抖，泪水浸湿了被角也不吭一声。

那个时候，你是一个怕黑的孩子。

对了，你那时还怕打雷。

世界好大啊，你试探着迈出一步，又吓得缩回半步。但终究还是走出去了。

大一过完，你已经敢半夜摸黑起来上厕所，敢在打雷的天气里走到阳台上看雨。你开始自学设计，去画室学素描，去道馆学跆拳道，甚至开始参与竞选班长和学生会干部。

精彩纷呈的生活在你眼前渐次打开，你欣喜得忘了去害怕。

大二，你如愿当上了班长，拿到了奖学金，当上了校报的记者，素描成为纯粹的爱好，跆拳道也终于摆脱菜鸟的白带级别。

大三，你开始去当地最大的传媒公司实习，开始接触到不少娱乐圈的人，然后，你还交了男友，有时会像个不乖的孩子一样夜不归宿。

大四，你和他分了手，却得到了传媒公司的一个职位，能够直接对接各类明星，你说，喜忧参半，也算扯平了。

然后，就没有然后了。

你回了老爸所在的城市，在遍布老爸关系网的电视台混吃等死。

那个精彩纷呈的世界还在开启，却忽然被生生按下停止键。你身上刚要迸出的光芒一下子熄灭得干干净净。

当我提起这些时，你沉默了。

你都记得，对不对？那种看到世界丰富的层次，看到自己身上越来越多可能性的惊喜感觉，仍然鲜明地留在你的身体里，对不对？

你问我，你的人生怎么变成了现在这样。

亲爱的朋友，如果你愿意抬起头看一看你身边的人，看一看她们的人生，你就会知道，其实大家都一样。

你的同事，已经跳了三次槽，好不容易找到的工作，仍然不是自己想要的，却不敢再轻易辞职，她数着手中的薪资，想着渐长的年纪，觉得自己的未来真是暗淡无望。

你的高中同学，和你一起毕业，坚持复读了两年才考上理想的大学，结果刚读了一年，就觉得自己选错了学校，还念了一个毫无前途的专业，索性自暴自弃，过了几年无所事事的大学生活，临到毕业才着急找工作，可想而知，她能找到什么样的工作。现在，她经常做的事就是在微博上吐槽上司，吐槽生活，吐槽一切，吐槽吐得风生水起，日子却卡在原地。

我们共同的朋友，小C，看着也是工作顺利，爱情甜蜜，可你何曾知道她从大三开始实习，花两年时间才转正的那份记者工作，如今遭逢人事倾轧、行业潜规则，早已耗尽了她正直的想要为普通人代言的梦想和热情，而那段从大学开始的甜蜜恋情，也因现实僵硬而要走到崩溃边缘。旧路已失，新的路却不知在何方。

或者，你再抬眼看一看坐在你四周的男男女女，他们一个个西装革履，裙裾飘扬，端着晶莹的高脚杯，手指间燃着细长的烟，看起来精致而潇洒，但你知道，酒吧里从来就不缺买醉的人，忧伤的面孔，落寞的眼神，以及一颗颗装满烦恼的心。就像你一样。

……

你看，大家都是一样啊。

做着不喜欢的工作，过着不想要的生活，爱着不能爱的人，觉得世界灰暗，人生无望，迷茫于未来走向何处，想着走向何处才有希望，走到哪里才是尽头。

可是你有没有想过，迷茫本就是青春该有的样子？

没有人可以生下来就找到自己该走的路，一往无前，至死方休，多数人都是要跌跌撞撞，摔过跟头，愈合伤口，才能拥有笔直的目光。

而 20 多岁的人生里，谁都是不上不下地卡在原地，以为四面八方都没有一条可以走的路。

有时候你想，人生是不是就这样了。

但是岁月终有一日会告诉你，人生不会只是这样。

在大理，我曾经遇见一个女人。她 30 来岁，容貌不显年轻，却别有一种风情和韵味，像岁月酿就的酒，味道都藏在深处。她和外籍丈夫一起在那里开了好几家店，大家都叫她老板娘，我也跟着这么叫。深夜的酒吧，她点上一根烟，聊起自己的过去，轻描淡写，我却听得惊心动魄。

幼时，父母离婚，父亲再婚，母亲改嫁，她跟了母亲，却和那个脾气暴躁的继父相处不好，弟弟出生后，她在那个家中更无处立足，结果被母亲送到寄宿学校，从此回家的日子屈指可数。没有人照顾她，没有人挂念她，她只好将所有的时间都用来拼命读书，为了考上大学，彻底离开那个家。

上大学后，她一次都没有回去过，独自在外打拼。20 出头的年纪，她结过一次婚，和大学的学长。几年后，学长开公司，为了支持他，她将自己工作以来存下的钱全都押进去，谁知公司没开成，学长被合伙人骗走了所有钱，而她收到的却是一纸写着她名字的欠条和一张离婚协议书。

关键时刻只顾自己的男人，将她背叛得彻彻底底。

还完债的那一天，她离开了那座城市，一无所有地来到大理，从摆地摊重新开始，直到开了第一家店，直到遇见现在的外籍老公。

我现在，过得很好。最后，她这样说。

我当然相信她过得很好。

只是不知道在全世界都抛下她的时刻，她是否觉得人生根本是一团浆糊，是否怀疑她的青春到底有什么意义。

不知道她一个人怎么撑过那些最寒冷的时光，又是怎么从迷茫里重新找到出发的方向。

我的朋友，我有时想，我们的 30 多岁是什么样子呢。是不是也会像这个女人一样，容纳了一切，生命逐渐变得像一坛酒，浓郁香醇，却也有凛冽风味。

我并不能越过时光和流年，去到未来，指着你那已经变得成熟、智慧、风情万种的人生，然后告诉你，你看，我说过的。

我只能和你一起去相信，我们终将经历一切，而那些经历过的事，好的，不好的，都会发生化学反应，让我们变成另一个自己。

你说现在的你连动弹的勇气都没有。那又怎样呢？勇气也可以深藏内心。只要你念念不忘，终会有回响。

至少，你知道眼下的日子不好过。

至少你还没有认命。

束手无策，那就继续无策。万分痛苦，那就继续痛苦。茫然无措，那就继续茫然。

要更用力地活着。

要去相信，终有一天，这铁板一块的日子会出现裂缝，会透进光芒。

让脚步慢下来，心情静下来

在有限的时间和精力里，给自己一点慢下来的时光。你并不需要用艰苦的努力去感动别人，感动岁月。你只需要按照自己的方式和节奏好好生活，就已足够。

读苏静的《知日》系列，读到一个可爱的故事：

日本职业拳击界有一位名叫高岛龙弘的拳击手，他在高中时期，就已经获得大阪职业拳击比赛的冠军，被媒体称为"拳击少年"，小小年纪十分厉害。

但是，在成名之前，龙弘其实有过一段奇遇。甚至可以说，正是这段奇遇，成就了日后的职业拳击少年。

十三岁那一年，他曾经离家出走。

出走的理由，是因为压力太大。当时，他在家里五个兄弟中排行老三，因为父亲在他上小学的时候就去世，龙弘从小就肩负着照顾两个弟弟和练习拳击的重任。到了十三岁，他终于因为家庭和练拳的双重压力，穿着制服就离家出走了。

漫无目的在外游荡着，当他走到隅田川大堤的时候，已经身无分文，肚子也饿得厉害，但他实在不想就这样回家，一想到回家之后需要面对的一切，他就觉得，还不如饿肚子更好。

　　游荡中，遇见一位五十岁左右的流浪汉大叔，于是龙弘央求大叔收留他。大叔虽然对突然出现在面前的少年感到吃惊，但也很爽快地同意了。

　　从此，龙弘开始了流浪汉的生活。

　　白天，他和大叔一起去便利店乞讨过期的便当，晚上就在大叔的帐篷中裹着毯子睡觉，没有心情外出的时候，一老一少也会在一起聊聊天，但龙弘从来没问过大叔为什么会沦为流浪汉，而大叔也没问过龙弘为什么离家出走。

　　两个人默契地一起生活了大半年，其乐融融。

　　直到有一天，大叔突然平静地对龙弘说："是时候回家了吧，

家人和朋友在担心你呢。"

听到大叔这么说，龙弘才忽然记起家中的弟弟和一起练拳的伙伴，他惊讶地发现，当初离家出走时的绝望不知什么时候消失了。如今他回想起过去的生活，只剩怀念和眷恋。

他想，是时候回家面对一切，重新振作起来了。

后来高岛龙弘在大阪的职业拳击比赛中获得冠军，在接受采访时，他特意感谢了当初帮助过他的流浪汉大叔。

只是那位大叔这时已经搬离隅田川，不知道又流浪到哪里去了。

当流浪汉的体验，什么也不做，什么也不追求的时光，净化了拳击少年的心灵，给了他重新振作的力量。这听起来像是日式小清新励志电影才会有的桥段。

但我相信这是真的。

龙弘也好，我们也好，谁都是铆足了劲走在人生路上，一刻不敢懈怠，只因为父母和社会说，时间就是金钱，要努力，要进取，要比别人更好、更快、更厉害，就必须付出比别人更多的辛苦，经历更多的磨难。

但其实，我们都害怕承认这一点：我们只不过是害怕被落下，被嘲笑，被蔑视，才不肯安逸，甘愿吃苦受难，让自己拼了命地往前跑。

但是，人生有时像一根绷紧的弦，绷久了，会断。

电影《丈夫得了抑郁症》里，堺雅人饰演的丈夫脑中那根弦，就崩断得悄无声息。

他每天睡不着觉，也没有食欲，却仍然准时起床准备早餐和便当，准时出门上班。结果，他并没有去上班，只是坐在公园长椅上长久地发呆。他想，不行啊，我必须振作啊，努力啊。但他仍然只是呆坐在那里，无法振作，也无法努力。

那根弦断了，就再也振作不起来了。

后来他终于去看医生，辞职在家养病。他的妻子小晴并不是坚强的妻子，她没有在丈夫得病后痛苦万分，然后逼自己全力撑起这个家，也没有受再多苦累也不说怨言——这不是一部苦情的励志电影。

小晴只是在丈夫得了抑郁症后，在日记本上写下一句话：我才不努力呢。

她只是微笑着告诉丈夫，没关系，不努力也可以。

如果痛苦的话，就别努力了，保持平常心就可以了。

平常心有多难得呢?

或许你需要亲自去体验流浪汉的生活才能明白,或许你需要得一场抑郁症才能理解,又或许,你只需要慢下来,在生活里领悟。

上一份工作,做得相当吃力。并不是不能胜任,而是,在无限度的对自我的高要求里,我开始吃不消了。

常常为了一个项目熬夜攻关,为了上司一通责难就彻夜难眠,压力大到胃溃疡。那时的我,不肯容忍自己工作上有一丁点失误,不能忍受被责骂,为了将一份项目计划书做到完美,为了得到上司的赞扬,永远都在牺牲吃饭和睡觉的时间。

脸色差,黑眼圈,偏头痛,经常上火、感冒,这些小毛病,我并没有放在心上。直到在某次项目会议上胃痛到说不出话来。

从那以后,就常常胃痛,但那一阵子恰好是我负责的项目提交策划案和计划书的关键时期,实在没时间去医院,于是去药店买了一盒胃药,痛的时候就吃几颗,勉强撑着继续工作。

策划案通过后,部门聚餐庆祝,吃饭吃到一半,我捂着胃,疼得冷汗直冒,被同事逼着去了医院。

医生说是消化性胃溃疡。再也不敢死撑,终于辞职回了家。

辞职后回了家,彻底屏蔽与工作有关的人和事。

早上睡到自然醒,慢腾腾洗漱,泡上一杯蜂蜜水,坐在餐桌前一口一口地抿。下午花五个小时,用文火炖一盅汤。黄昏去公园散步,和小孩子玩。夜里窝在床上看一部电影,读一本书。

无所事事的两个月。两个月后,妈妈说,太好了,气色比刚回来那会儿好多了。

我对自己说，太好了，自救成功。

在家无所事事的两个月里，我并未明白多么深刻的道理，只是终于意识到，我并不是因为换了一个地方，换了一种生活，所以得到了滋养，滋养我的这一切：喝一口蜂蜜茶，炖一盅汤，散一场步，这些原本就是生活的一部分。

而我此前以为，为了成功，为了完美，就必须努力到牺牲生活，牺牲内心从容的地步。后来才知道，这种缺乏效率的努力，只是用来感动自己的工具。

记得读高三时，身边的人都努力备战高考，我也在一次高考动员大会之后，被打了满腔鸡血，暗暗对自己发誓，除了吃饭睡觉，一定要把全部时间用来学习。

印象中，我那时似乎强迫自己坚持了两天，结果把心情弄得相当糟糕，学习也完全集中不了精力。

自此以后，我彻底醒悟，除了每天固定的上课时间，以及晚上两个小时固定的学习时间之外，决不给自己增加额外负担，周末的电视节目决不错过，也一定会和朋友出去玩。

最后高考，我考了全校第一名。

这当然不是值得骄傲的事，我所在的高中只是一般的学校，水平不高，但我的确是轻轻松松考了第一，而且甩开第二名好几十分。

我并没有比任何人更聪明，更努力，而仅仅是比他们多了一份从容，多了一点平常心。所以，你会看到，我的每一分努力都有收获。

我相信那位拳击少年在漫长的、无所事事的流浪汉生涯里，在换了一个身份生活后，终于找到内心的平衡。

再坏的状况，也不过如此了。而他在这种最坏的状态里，过得还不错。

既然如此，那还有什么好怕的？

抛开一切的结果是：终于有力量重新拾起一切。

而得了抑郁症的丈夫，如果没有始终保持平常心、始终向他微笑、告诉他不努力也没关系的妻子，如果他的妻子嫌弃他得了病，责怪他丢了工作，甚至以为是他不努力配合病才迟迟不好，那他大概也很难痊愈。

人生真的不只有一条狭窄的路可走，这世间也并非只有一种成功的方式，并非成功就能拥有一切，失败就会失去一切。

是谁说过，我们生来普通。拔尖的人永远只是极少数，大多数人都只是普普通通度过一生。所以，不要用成功的压力把自己逼迫得无路可走，不要逼迫自己热爱生活。在有限的时间和精力里，给自己一点慢下来的时光。

你并不需要用艰苦的努力去感动别人，感动岁月。

你只需要按照自己的方式和节奏好好生活，就已足够。

活在当下，过好每一天

谁都期盼人生有一个细水长流的结局。只是，很多人都忘了，在细水长流之前，要把风景看透。

"这一世，夫妻缘尽至此。我还好，你也保重。"

王菲和李亚鹏离婚，微博里淡淡一句告别，尽显天后高冷本色。随后她潇洒牵手十几年前的情人谢霆锋，叫世人跌破眼镜，这更是她历来任性自我的行事风范。

那段时间，朋友圈里鲜明地分成两个派别，一派点赞支持，一派批评谩骂。批评者说王菲年纪一大把，还勾引比她小的男人，不停地结婚离婚，没有节操，没有给孩子完整的家庭，不配做一个母亲。支持者则说，她既没劈腿也没拆散别人家庭，忠于自己的心，勇敢追求爱情有什么错？

记得有人说，一个人对待爱情的态度，对待诗的态度，对待音乐的态度，就是他对待人生的态度。

深以为然。

如果说爱情里从一而终是美德，那么王菲的确不该谈这么多场恋爱，结婚又离婚，可是，一眼相中便可携手白头的故事，可以憧憬向往，却不可强求。好比人生，谁不是在犯过错后才知道去做对的事？谁不是在受过伤后才变得坚强，在失败、放弃许多次之后才找得到前行方向？

错误，于爱情，于人生，都是必经之路。

不是谁都能够勇敢地去犯错，所以，对这个勇敢无畏追求自己所想所爱的女子，我只能点赞、仰视。

她曾在《红豆》里声音轻灵如梦寐地唱："有时候，有时候，宁愿选择留恋不放手，等到风景都看透，也许你会陪我看细水长流。"

她何尝不希望现世安稳，岁月静好，但无法安稳静好时，便干净利落道一声"保重"，不带一丝留恋地转身。她总是在恋爱，结婚，离婚，再恋爱，似乎对待感情轻佻得很。但你看她对谢霆锋，是兜兜转转了十几年，经历了悲喜轮回，才终于发现最爱的是他。

没有错过，何来最终的深爱。

谁都期盼人生有一个细水长流的结局。只是，很多人都忘了，在细水长流之前，要把风景看透。

爱情如此，人生也是如此。网上曾有人问，两个人一个在北京一个在丽江，一个年薪十万买不起房，朝九晚五，每天挤公交地铁，呼吸汽车尾气，挤破脑袋想出人头地。一个无固定收入，住湖边一个破旧四合院，每天睡到自然醒，以摄影为生，没事喝茶晒太阳，看雪山浮云。一个说对方不求上进，一个说对方不懂生活。两种生活方式，你怎么选？

自然是众说纷纭。

有人说年轻人还是应该去大城市闯荡，有人说自己身在大城市，却觉得闯荡来闯荡去无非平庸到老，因此对后一种生活方式羡慕得要命，有人则异想天开，说如果北京的收入机遇和丽江的环境兼得就好了。

有人则说得无比狠绝：等几十年后，看着这俩人一个儿孙绕膝，领着养老金，享受医保在舒适的房子吹空调；一个三餐不继，衣不蔽体，浑身病痛地流浪到死，你们就知道哪种生活方式更好了。

这自然是戏言，但假如你既想要出人头地的未来，又想要安逸闲适的生活，世间恐怕没有这么便利的选项。

不同的生活方式，并无优劣，纯粹只是个人的选择。关键是，要安于自己的选择。选了眼前的这一种，就不要艳羡那些生活在别处的人。

忙碌辛苦的日子并不如你想的那样糟糕，熬夜熬出一个漂亮的方案，升职加薪的时候，能力被认可，在合适的位置上施展才华的时候，难道你不会充满成就感和满足感？

闲适的生活也并不如你想象中理想，破旧四合院夏天蚊子肆虐，冬天四面漏风，收入不稳定，未来一片迷茫，在羡慕之前，不妨问问自己，你真的能够在年纪轻轻的时候忍受这一切，真的能够在不知前路如何的情况下拥有喝茶晒太阳，看雪山浮云的逍遥心境？

如果你能够做到，那也不失为一个幸福之人。

如果你还不能做到，那就请拿出十二分的诚意，认认真真为自己和梦想打拼。

大学时期，乃至现在，家里的近邻远亲，总有一些比我年纪小的弟弟妹妹们在网上问我，怎么学习才能考高分，考上好大学？学什么专业比较好？大学要怎么度过，才能对将来有益？怎样找到高薪的、有前途的工作？

　　我不知道问这些问题的弟弟妹妹们，是心血来潮，随口一问，还是真的希望我能够给出标准的答案，好让他们一步一步照做。我只知道，他们并不是想知道学习方法，工作方法，而只是想听一听前辈的经验教训，好让自己少走弯路罢了。

　　问来问去，其实他们大概是想知道，怎样才能不需要拼命学习也能够考高分？如何能够在不必承担过分压力，不必太过努力的前提下拿到高薪？有没有一种生活是每天吃喝玩乐，然后还有时间给自己充电？有没有可能我什么都不做，听一听前辈的话，就能够坐在电脑前找到自己未来的方向？会不会我问更多的人，得到更多别人的答案，就能够知道我自己适合做什么样的工作，适合走一条什么样的人生路？

　　我每每感到悲哀，为什么要在人生最该挥霍放肆的青春年华里，谨小慎微得像一个老人？为什么在尚且一无所有的时候，就一副输不起的模样？为什么不明白这样一个简单的道理：出人头地的未来和安逸闲适的生活，好比鱼与熊掌，不可兼得。

　　从小到大，我的身边都没有比我大的哥哥姐姐。如今想来，这或许是一件幸事。因为没有榜样，没有指引，所以走过许多弯路，领受过许多失败，但所有的体验，都是我的亲身体验，所有的路，都是新的，都由自己亲自走过了，切身地知道对错好坏，所有的未来，都由自己开创——在这样莽撞无谋的路上，我才得以一点点看清了自己。

这世上并没有一条捷径，让你踏上去，就有光明未来。

不经历错的人，就遇不到对的人。

不曾跋涉过艰苦旅程，就看不到梦想对你绽放的甜美笑容。

不将命运的百般滋味一一领受遍了，你就不知道平淡是怎样的美妙滋味。

有时我们都像那个鱼和熊掌想要兼得的蠢笨之人，只看到万事万物的光鲜表象，妄想着一劳永逸。

但更多时候，要记得踩在坚实大地上，埋头于眼前的琐碎苟且，心平气和等待云开雾散后的未来。

第六章

DILIUZHANG

你只负责精彩，老天
自有安排

将来的你会感谢现在努力的自己

人的一生，有多少事，真的不愿求结果，只求尽情尽兴。

护肤品新品研讨会上，市场部和开发部的人各自提案，讨论整个系列的定调、名称和相应的卖点。

在一家几乎全是女性的护肤品公司，他身为市场部的新人，第一次提案。幸好这次开发的是男性护肤品，所以他提出了自己觉得很帅气的定调风格，瓶身设计成凸起的纹路和形状，一定会让男性用户心动。

本是自信之作，谁知市场部经理完全没理会他的提案，直接否决，采用了另一个走简洁风格的案子。

这样一来，的确很稳妥，但和以前的护肤品包装有什么区别？

他愤愤不平，觉得经理没有眼光，让自己难得的才华被埋没了。如果只是延续之前的风格，还费什么劲开发新品？

那几天，他每天上班迟到，负责的工作也提不起精神干。

他终于被经理叫到办公室。

"我知道你是因为自己的提案没有被采用，在闹脾气。但你怎么不试着想一想，我为什么没有采用你的提案？为什么没有被你说服？你真的以为是我没有眼光？"

他的确这样以为，但细细一想，的确，他的提案还不够完善。他回去找了相熟的设计师朋友，请他帮忙设计了整个包装，又找了一家工厂，做出了小支样品，呈交给经理。看起来效果相当好的包装瓶受到了经理的赞赏，但他的想法却再一次遭到否决。

"成本控制呢？这么复杂的包装，成本怎么下得来？"

经理冷冷一句话，把兴奋的他打回原形。

他不服气，在办公室熬了一周，翻阅了无数资料，和许多家工厂联系，在保证质量和数量的前提下，终于成功找到将成本控制在预算范围内的办法。

经理终于接受了他的提案。

新品发布有条不紊地进行，请了代言人拍广告，联系商场，铺订货渠道，策划活动。经理把确定赠品的事交给了他，那段时间，他沉浸在提案被采纳的喜悦之中，完全没将区区赠品放在心上，到了该提交方案的那天，被经理一问，才想起来。

经理很生气："这可是你自己的提案，你怎么这么不上心！"

他虽然觉得惭愧，却也觉得经理小题大做。

"你一定觉得我小题大做吧？"

他吓了一跳。

经理叹了口气："我承认之前我太过保守，不敢冒险，你提出的方案真的很好，而且又有成本控制的方法，所以我觉得冒一次险或许也可以，这才接受了你的想法。但这真的是一次全新的尝试，虽然市场调查效果还不错，但实际投放市场又是另一回事，我希望把每个环节做到完美，尽量减少风险，你明白吗？不要小看一个赠品，做得好的话，很可能会大大推动销量。"

他沉默下来。

"你只是公司的一位普通的职员，对你来说，假如这次新品发布失败，你可能觉得这是没办法的事，我不一样，我是负责这个项目的人，我必须对公司负责，对整个市场部的人负责，甚至对我们所有的渠道商负责，你可以指责我过于谨慎保守，却不能指责我为了降低风险而做的任何努力。"

他站在那里，惭愧得简直想把自己的头扎进地底下。他从来没有想过这些，一直觉得经理没有眼光，只会考虑自己的利益，没想到身为领导层，必须担负的是一个如此重大的责任，他总是觉得自己已经把工作做得很好，如果结果不好，那也没办法，却从没有为了让结果变好去努力。之前那熬夜的一周时间，也纯粹只是为了争一口气。

但是，那口气的确争得痛快极了。

他想起大学时参加篮球比赛，还没进决赛，他们的队伍就输了，却没有留下遗憾，因为真的拼命努力过了，他尽了自己的全力，打得酣畅淋漓。赛后，他几乎虚脱地倒在地板上，觉得体育馆里的灯光照在身上，格外美好。

宫崎骏说："可以接受失败，但决不接受从未努力过的自己。"

最痛苦的事，原来不是失败，而是在本该尽全力的时候，没有用尽全力。那种懊悔、不甘心，想把自己狠狠抽打一顿的糟糕感觉，简直堪比地狱。

此后，他痛下决心，花了大心思做出来的赠品方案，大获成功。不少用户为了得到精美的赠品而买下产品。最后，限量版的赠品赠完后，掀起不小的话题，网上甚至有很多人表示，为了得到传说中的赠品，愿意花钱购买。

他拿到了奖金，在公司的庆功宴上被点名上台讲话。但所有的荣耀，都比不上那种尽力之后发自心底的舒心感觉。

《中国最强音》有一位选手，原来的职业是中学老师，他说自己实在太热爱音乐，太想当歌手，终于下定决心辞了工作，专心走音乐这条道路。

从稳定的讲台，到不稳定的舞台，这一步迈得很大，却迈得不晚。

不管什么时候开始梦想的旅程，都不算晚。

可是有人说，他会失败吧。想当歌手的人太多了，怀抱着廉价音乐梦想的人也太多，随便一个爱唱歌，会唱歌的人，都泪流满面地说自己的梦想不死。

的确如此。但你听他唱歌，会发现，那歌声里，有他全部的人生，经历过的悲喜起伏，都在里面。那是独一无二的歌声。他的确可能失败，不能成名，不能大红大紫，但谁说音乐的梦想只能由粉丝的多少来决定成败？

这位歌手让我想起中学时代的一位英语老师。她曾说过，她是听从父母的想法念了师范学校，成为一名老师，但她的梦想其实是去国外当同声传译。我记得很清楚，她是个白皙美丽的年轻女孩，夏天穿着白裙子，戴着大大的遮阳帽经过我们身边时，就像仙女一样蹁跹多姿。我曾经想象过她站在地中海海滩，漫步塞纳河，在伦敦广场喂鸽子的情景，想必会比现在更美。

可是后来，她听父母的话，相亲，结婚，生子，逐渐从一个清新脱俗的女孩，变成一个身材走形、再也不细心打理自己的女人。我想，她大概会在讲台上站一辈子，到老时，儿孙满堂，或许会去地中海和塞纳河边走一走，然后遥遥记起当初的梦想，无声叹息。

王家卫在《一代宗师》里说："人生若无悔，该有多无趣。"

但若是放着悔恨在身体里、心里生根发芽，不曾为了最想要的生活纵身一跃，人生大概会更无趣。

并不是说当歌手和翻译才更牛，当老师就不好，而是，你有没有拿出一点点努力，去接近你想要的。

人的一生，有多少事，真的不愿求结果，只求尽情尽兴。

爱情，事业，梦想，无非都是求一个自以为是的圆满，自己给自己一个交代。

不计代价地努力一回，不计后果地燃烧一回，哪怕一败涂地，也比该做的事没有做好一百倍。

所以，很喜欢村上春树的这段话："我或许败北，或许迷失自己，或许哪里也抵达不了，或许我已失去一切，任凭怎么挣扎也只能徒呼奈何，或许我只是徒然掬一把废墟灰烬，唯我一人蒙在鼓里，或许这里没有任何人把赌注下在我身上。无所谓。有一点是明确的：至少我有值得等待值得寻求的东西。"

无所谓的心境，绝不可能在你什么都没做的时候达到。

非得榨干身上最后一滴汗，用尽最后一丝力量，你才能对任何结局潇洒说一句：无所谓。

改变，永远不会太晚

可不可以让人生不要那么安稳，不要在 30 岁的时候就能一眼看到尽头？

上周末，有朋友邀我吃饭，说要和我聊一聊人生。

20 几岁的人，聊个天都要上升到"人生"的层次，生怕不说得这样郑重，我就不愿意和她聊天。其实，她要说只是聊一聊美食，或者扯一扯八卦，我也是极愿意的。

她带我去了一家很隐蔽的泰国餐厅，小房间，舒适的沙发座，自酿的米酒，看来是打算长谈。

谈话内容的确相当长。

各种关于事业、感情、婚姻、未来的困惑和纠结，连她到底要不要调动职位，她的男朋友到底要不要从美国回国创业，都拿来问我。

"调动职位，可能会稳定一些，清闲一些，让我有更多的时间去顾及男友那边的事，可是薪水会降低；男友回国创业，也是大冒险，万一失败怎么办？但他如果在美国工作，我就必须放弃这边的事业，远嫁异国，到时候能不能适应那边也是个问题啊，况且，就算他回国创业，不会失败，那我的生活肯定也会发生很大变化，到时候会不会影响我俩的感情？我真的害怕一步错，步步错，觉得我俩同时都陷入了困境，怎么走都不对……"

听到最后，我明白了大半。几乎所有困惑纠结的源头都是因为：她快30岁了，输不起了。

"可是，你还不到30岁呢，还有好几年呢。"我说。

她立刻着急道："好几年一下子就过去了啊，不尽早做好万无一失的打算，难道等着30岁的时候一无所有？"

说的没错，人生的确该尽早打算。不能过一天混一天。

可是，这世上哪有什么万无一失的打算？就算站在今日看，你觉得万无一失了，明天条件一变动，环境一动荡，万无一失的打算立刻就会变得漏洞百出。

况且，为什么我们在 30 岁的时候不能一无所有呢？

谁规定到了 30 岁，我们就必须名利双收，并且坐拥一个同样名利双收的老公，从此人生上了正轨，再也不会偏移？

你怎么保证以后你不会再改变，不会再偏移正轨，不会变得更强大，更聪明，更丰富，再走上更多其他轨道？

为什么要因为 30 大关将近，就如此患得患失，甚至以为人生是一锤子买卖，错失了这个机会，从此就彻底完了？

再说，所谓的名利，到什么样的程度才会让你满意？

你现在拥有一份不错的工作，累是累了点，可是挣得挺多，至少比身边的大多数同龄人多，你的男朋友，

在美国留学，热门专业优等生，无论回国还是不回国，自身的价值摆在那儿，假如你认为这样的你们都一无所有，那么，要收获多少名利，才不算一无所有？

想问的问题像山一样多，其实一句话就可以说尽：

年龄只是一个数字。为什么要用一个数字规定思想和行为的边界？

风靡全球的《哈利·波特》的作者 J·K. 罗琳，在写出第一本书时，已经 30 多岁了，当时，她被丈夫抛弃，离了婚独自带着孩子靠政府救济金艰难度日。在人生最深的低谷里，她在咖啡馆里写完了第一本书《哈利·波特与魔法石》，数年之后，她靠写作跻身亿万富豪之列。

美国的摩斯奶奶 76 岁之前只是一位农妇，没有画过画，但在她因生病而拿起画笔的 4 年之后，80 岁的她第一次在纽约办画展，引起轰动。直到 101 岁辞世，她开过 15 次个人画展，留下 1600 幅作品，作品最高拍卖价达 120 万美元，成为美国最著名和最多产的原始派画家之一。

我还知道一位马拉松运动员，89 岁才开始跑马拉松，在此之前，他甚至不知道马拉松的全程究竟是多少千米；还知道一位老奶奶，80 岁才开始上大学，花 4 年时间拿到了学位，有人说她浪费教育资源，80 多岁的人还拿学位做什么？但老奶奶说，为什么不呢？难道就因为 80 多岁了，就要放弃自己想做的事？

看到这些人的人生，我是真的羡慕，并且唯愿自己的 30 岁，40 岁，甚至 70 岁，80 岁，都能像他们一样，随时推翻，随时竭尽全力，重新开始。

接触过一个全部由 90 后组成的团队，他们做出一个很火的产品，在年轻人中极受欢迎，在社交网站上更是被疯转，媒体纷纷前去采访，询问创业经历，成功经验。

创始人是个大男孩，刚刚 20 出头，说起话来稚气未脱。

"就是玩啊。"

记者一头雾水。

大男孩笑了："就是玩，我们这群人，全都是二次元爱好者，有的喜欢动漫，有的喜欢游戏，我们就是把爱好变成事业在做。这个产品就是玩出来的。大家都觉得有趣、好玩对不对？当然有趣啊，因为我们就是觉得有趣才做的，要知道，这个产品，灌注了我们团队所有人一生'好玩'的经验。"

去参观他们的办公室，就是一间大房子，到处贴着动漫和游戏的海报，根本不像个办公的地方，老板没有独立的办公室，和员工之间没有距离，创始人、首席执行官的工位都在大家中间，每个角落里都有沙发和咖啡机，房间一角甚至还配置了专门的游戏设备，供大家娱乐，放松，寻找灵感。

玩出了市场反响热烈的产品，玩来了天使和 A 轮投资，一群90 后成天在不像办公室的地方"玩"，听起来很不靠谱。但你以为他们只是在"玩"？产品研发时，谁不是把睡袋都扛到办公室，轮流着熬通宵？产品更新迭代的速度比同类产品都要快，是因为每个人随时准备着的灵感，随时准备碰撞的头脑风暴，说了就立即行动的高效率，以及那种把办公室当家的拼劲。

有人说，光拼不行，你得好好规划将来，考虑产品变现，市场出路，做受众分析，等等。万一失败怎么办？万一玩不下去了怎么办？

创始人不同意，"每个人都有自己擅长的事和不擅长的事，找投资，我不擅长，所以找了擅长的人去做，财务、法律、市场分析、宣传推广，这些我都不擅长，都可以找专业人才去做，但我一定只做我想做的产品。"

"成功和失败的经验那么多，谁都可以说出一条两条，但我不相信教条。"他说，"一句话，我就是要玩，否则我就不创业了。先考虑结果，先考虑别人的说法，再去做一件事，我做不来。我始终认为，自己玩嗨了，别人才会被你感染，被你打动。"

我们都是这样吧，在年轻的时候肆无忌惮，不顾一切，潇洒地挥霍青春，不肯计较丝毫得失，面对人生，面对这个世界，真诚得掏心挖肺一般，吃起苦来如饮甘露，唯恐生命不能尽情。

却在年纪稍长之后，将此前的初衷忘得一干二净，手中的收获越多，越觉得自己输不起，于是谨小慎微，权衡、纠结，对每一分得失提心吊胆，忧心恐惧。

韩寒的《后会无期》里说:"小孩子才分对错,成年人只看利弊。"

说的一点都没错。

成年人都在权衡利与弊,权衡着到底该怎么做,怎么尽早打算,规划人生,才能把弊降到最小,把利放到最大,才能在 30 岁后做一个人生赢家,从此轻轻松松享福,过一场一眼就可以望到尽头的安稳人生。

但我们可不可以让人生不要那么安稳,不要在 30 岁的时候就能一眼看到尽头?

摩斯奶奶说过一句很可爱的话:"假如我不绘画的话,兴许我会养鸡。绘画并不重要,重要的是让生命保持充实。"

76 岁开始绘画和 76 岁开始养鸡,对她来说,的确没有太大区别。

重要的是,永远竭尽全力去生活,永远让生命保持充实。

不管你是 20 岁,30 岁,还是 80 岁,90 岁。

有些路注定要自己走

每一个人人生的当口,都会有一个孤独的时刻,四顾无人,只有自己。于是不得不看明白自己的脆弱,自己的欲望,自己的念想,自己的界限,还有,自己真正的梦想。

那天去见我的一位客户，约在一家大厦顶层的咖啡厅。那是一个喜欢穿红色衣服的短发女人，性格和言行相当西化，做事风格明快利落，说起话来语速极快，笑起来的时候毫无保留，很讨人喜欢。

我们坐下来细谈双方可以合作的项目。一杯咖啡喝完，公事告一段落。她叫服务员续了杯，我们一起放松下来，瞭望落地窗外的城市全景，有一搭没一搭地闲聊。我很好奇她明明是传媒专业出身，怎么会想到自己开公司。她笑了笑，和我聊起她14岁孤

身去美国留学的事。

那是她人生最孤独的时期。

在那所英才遍地的私立高中，14 岁的她遭遇到前所未有的"culture shock"（文化冲击），不知道怎么融入环境，害怕被嘲笑，上课不敢发言，有疑问不敢问，不敢参加活动，在寄宿家庭，也不敢和房东搭话，没有一个朋友，也没有一个可以交流的人。

她知道再这样下去不行，却不知道怎么去改变这种状况。

事情的转机出乎意料。有一天，她去附近的大型超市买日用品，一路上低着头走路，不小心撞上一辆儿童推车。小孩子受了惊吓，哇哇大哭，她连声道歉，孩子的父母却不依不饶地指责她。很快有人过来围观，周围的人见孩子哭个不停，孩子父母又怒气冲冲，以为是她伤害了孩子，也纷纷指责她。

她又窘迫又难过，情急之下居然蹦出一口流利的英文。口齿

清晰逻辑通顺地把事情的细节解释一遍，顺便驳斥了孩子父母对她的误解，又再次诚心向孩子道了歉，然后在众人的注视下昂首挺胸走了。

经过这一次，她像被逼入绝境而逢生，从此不再害怕开口。

一旦勇于开口，她开朗的天性很快发挥了作用，到高三时，她已经是班里最受欢迎的女生。此后高中毕业，顺利考入常青藤名校就读，一路读到硕士，拿到学位之后，回到阔别十年的北京。不出所料，再次遭遇文化冲击。已经习惯西方文化的她无法融入国内的环境和人际关系，工作频频遇挫。

孤独卷土重来。

那种身在自己国家却不被接纳的感觉，相当难受。她换了好几份工作，终于在某一天和一位公私不分的媒体总监拍桌子吵架后，结束了最后一份工作。

"在美国，我曾经是一个局外人，没想到回到中国，又成了局外人。"

我忍不住插嘴："我倒觉得很不错呢，和外国人打交道时，你是中国通，和中国人打交道，你又是外国通，这不是很大的优势吗？"

她睁大眼睛看我半天，忽然笑了："你和我当时的男友说了相同的话。"

她说，男友的这句话简直让她醍醐灌顶。一直以来总想着自己的劣势，完全没想到，掉个头，劣势就可以变成优势。她之所以自己开公司，也是为了更大限度地利用自己中西方两种文化背景的优势。对这个在中国长大，又在西方留学十数年的女人来说，整合、协调两方面的资源，根本就是信手拈来的事。如今她出入于中国人和外国人两个圈子之间，赚两个圈子的钱，游刃有余。

后来她说，她曾经想，自己究竟是为了什么在 14 岁的年纪就孤身远赴异国？

不是为了与孤独为伴，把自己逼入困境，日后谈论起来连自己都心疼，自己都会被自己感动。不是这样。她去往远方，是为了冲破孤独，打开自己，走出一个人的世界，去看更大的世界。看过更大的世界之后，才有今天的她。

人生每一个孤独的时刻袭来，你大可以诅咒它，冲它发火，或者逃避它，索性束手就擒，但当你有幸走出来，在更大的舞台上闪耀光芒，你会发现那些与孤独相伴的时光都是命运对你的馈赠。

跋涉过人生最孤独的时刻，你会看到自己的蜕变。

我认识的一位女心理咨询师，不过 30 岁左右，自己做咨询网站和手机软件，聚集了一大批同行在身边，事业做得顺风顺水。

她留着梨花头，皮肤白皙，笑容甜美，说话时声音软软，仿佛一个邻家的小妹妹，一点都不像一位心理咨询师，更不像一个事业成功的"女强人"。但有一次听她在人前聊起过去，我们才知道，原来她内心的强大远胜于外在的柔软。

那是在她的一本心理随笔的新书发布会上。台下的读者举手提问，当初在你还是个小女孩的时候，为什么会选择走进心理学这个领域？熟悉她的人都知道，她报考大学时，按照父母的意思填了计算机系——和心理学八竿子打不着的专业。大一没读完，她就退学重考，这才转学了心理学。

她说："我18岁离开家，第一次试着一个人生活。除了那些一个人生活通常都会遇到的实际问题之外，我最大的体验是孤独。"

不仅仅是一个人生活的孤独，最大的孤独是和自己想要的一切渐行渐远，却没有人能够理解，包括这个世界上最爱她的父母。

她花了半年时间，终于明白自己并不适合在那些天书般的计算机语言里过活，想到漫长的四年，乃至漫长的一生，都将和一件她并不热爱的事打交道，她开始打退堂鼓。

父母却说："你那么聪明，肯定没问题。"

她的确聪明，学习成绩相当不错，就这么学下去，想必她也能够成为这个行业的优秀人才。但这不是她想要的。

"那你想要什么呢？"父母问。

"不知道。"她答。

是真的不知道。她只知道，不能再这样下去。

没有给自己留退路，就这样退了学。

重考的日子不算辛苦，她向来成绩优异，完全有信心考上一所更好的大学，但这段日子几乎是她人生最黯淡无光的时期。每天下晚自习，她都会一个人去操场散步，仰头问自己到底在做什么，而前路又在哪里。

她没有问出答案。但和自己相处的漫长时光，终于让她在万千孤独中，看到自己。

真实的自己。

后来，她考上国内最好的大学，读心理学。没有特殊的、非此不可的理由，她只是发现自己对人类心灵的兴趣，远远大过对这个世界的兴趣罢了。

当曾经的计算机系同学都已经开始拿到薪水，在职场上独挡一面时，她还在学校里过着紧巴巴的生活，实习没有着落，工作也没有着落；当同龄人开始升职加薪，她却在还在做实习咨询师，拿最低的薪水补贴，做着超负荷的工作。

很多年，她的人生，一直徘徊在没有光的地方，眼看着别人都奔着光亮而去，却不知自己的光亮究竟在何方。

"人生徘徊在没有光的地方，当然很孤独，但孤独是什么呢？"在发布会上，她说，"站在现在回望过去，我知道我咬咬牙就能走出来，就会看到希望，但是在当时，我并不知道希望真的存在。这才是孤独。就像在荒野上，四周一望无际，只有我一个人，必须在没有希望指引的那些时刻，逼自己怀抱希望，咬牙前行。"

这很像宫崎骏说的："每一个人人生的当口，都会有一个孤独的时刻，四顾无人，只有自己。于是不得不看明白自己的脆弱，自己的欲望，自己的念想，自己的界限，还有，自己真正的梦想。"

孤独，让你看到自己的界限，却也让你更明晰自己的梦想。

在人生这条路上，我们都是这样，只能不停地往前走，不断地在得到的喜悦里领会失去的痛楚，然后对过去所有在暗夜里独行的孤独时光释怀，并且感恩。

时间不会亏待你

哪怕被这个世界亏待过，时光也终究不会亏欠任何人。哪怕被整个世界亏待，你也可以不亏待你自己。

表姐从美国回来，我去接机。

她拖着行李箱走出通道时，我愣住了。质地精良的衬衫，黑色紧身长裤，长款风衣，简洁利落的欧美范儿，一脸神采飞扬的笑容，早已褪去当年的笨拙和自卑，好似一块原石已被打磨出耀眼光彩。

她说她读完金融工程硕士，在美国拿到了好几家投资银行和基金管理公司的工作机会，打算在那边工作了，这次是回国来办一些手续。

轻描淡写地说着这些的表姐，哪里还有一丝青春年代的影子。

高中三年，表姐是班上最不起眼的女生，长相普通，家境普通，不懂打扮，不擅长交际，学习很努力，成绩却永远只是平平。午休时，别人都在玩游戏聊八卦，她总是埋头看书做题。连班主任都说她："你就是因为太死板，考试才考不好。"

她那时不明白怎样才能不死板，只知道什么事都怕"认真"二字。

她认真得简直有点滑稽。大好的青春，全都消耗在数学公式，英语单词里面，少女那些萌动的情愫，她当然也有，却因为太笨拙太自卑，还没等她有勇气开口向他告白，毕业就匆匆而至，彼此各奔东西。

幸好三年不间断的努力和认真起了作用，她考上了排名靠前的重点大学。

大学前 3 年，几乎是高中生活的重复。寝室的其他女孩子，忙着恋爱、兼职、煲剧、旅行，把日子过得多姿多彩，她却是教室、寝室、图书馆、食堂四点一线，单调到几近乏味。到了大四，其他女孩子开始忙着分手、找工作、考研、写毕业论文，她却已拿到普林斯顿大学的全额奖学金，准备出国。

同学会上，大家谈论起当年不顾一切、傻里傻气的青春时，她插不上嘴。她的青春，谁都不在场，只有无数本书，无数道试题与她做伴，一句话就能说尽。但当大家谈论起事业时，所有的视线都一齐转向她。

谁能想到，当初那个笨拙又不出彩的女孩，会成为华尔街的精英呢。

都说青春不疯狂，不放肆，就是虚度，就会后悔。但从表姐身上，我看到青春的另一种可能。

同班同学中，当年玩游戏聊八卦的人，如今牢骚满腹，家长里短，而那个青春一片黯淡的姑娘，却在沉默中华丽转身，站在大家都无法企及的舞台上，接受所有人的艳羡、嫉妒，以及喝彩。

等你蜕变出更好的自己，再苍白的青春岁月，回忆起来都会让你嘴角上扬。

哪怕被这个世界亏待过，时光也终究不会亏欠任何人。

朋友离开普吉岛时给我打电话，说她已经想清楚了，回来就辞职，换一份工作。

先前的那份工作，她简直像中了邪般，无论如何都做不好。

起初是不小心得罪了上司，然后和同事闹僵，被客户投诉，交上去的案子永远被打回来重做。当初她求职时，大学四年那漂亮的履历和实习经验，助她过关斩将，而她也壮志满怀，准备在职场上大干一场。

谁知世事难料，接二连三的打击，几乎让她开始怀疑整个世界。

仿佛是上天都掺了一脚，专要和她过不去。

她想，这是怎么了，为什么自诩优秀的她连这样一份简单的工作都做不好？

当然想过辞职，却也犯了傻，想着：自己连这么初级的工作都做不好，去了其他公司难道就有自信能够做好其他工作，能够

顺利融入另一个环境？

　　纠结得不得了，压力大到失眠。终于受不了，请了年假，随便参加了一个旅游团，去了普吉岛。

　　后来她告诉我，她在普吉岛遇到了一位店主。不知道是哪国人，独自在岛上开了一家小店，卖奇奇怪怪的甜点和颜色艳丽的热带饮料。

　　也不知为什么，坐在他的店里，不自觉地就放松下来，她向他倾诉了自己的遭遇。英语说得磕磕绊绊，店主却听懂了。

　　他问了一句："你觉得，我有什么才华？"

　　她有点摸不着头脑，一个店主，有什么才华？

　　"经商的才华？"

　　店主笑了："错，其实我最大的才华是会聊天。"

　　她也笑了，以为店主只是开玩笑。他却接着说："其实，我以前弹过钢琴，当过老师，做过销售，但直到我开始经商，我才找到最能让我发挥才华的地方，如果我告诉你我的公司已经在全球各地开了很多家分店，你一定会惊讶吧。"

的确惊讶。

"那么，最能让你发挥才华的地方，在哪里？"最后，他问。

她忽然愣住了。从来没想过，一直以来，都只想着要做好眼前的事，搞定工作，升职加薪，成为职场牛人，就像所有优秀的人那样。

"有时候，不是你的才华配不上这个世界，而是你身处错误的世界。"穿一条夏威夷短裤的店主语重心长地说。

从普吉岛回来，她辞掉原先的工作，在一家大公司找到一份很好的工作。大学四年的打工兼职经验仍然没有白费，在面试时，面试官对她表现出来的见识和能力相当欣赏，刚入职她就被破格允许参与一些重要项目。

能力得到锻炼，她学习快，又拼命，很快升了职。现在她每天穿着真丝上衣西装裤，像这个城市最典型的白领，穿梭于写字楼和咖啡厅之间，每周出差一次，在各个城市最好的酒店欣赏夜景。从前的煎熬挫败就像做梦一样，早已不复存在。

我问她那个普吉岛店主的故事是不是真的，她居然犹豫了。"我也不知道是不是，现在想起来也像做梦一样。"

但是店主送的船锚模型，至今还在她的手机上挂着。

被周围的一切否定，不知多少人有过这样的经历。

有时你以为你活得像一场无法逗笑任何人的笑话，毫无意义；你以为人生只能这样，就像无论如何也找不到出路的迷宫；你以为整个世界都亏待了你，而你再也没办法找到任何属于自己的骄傲。

但其实你只是自己取消了自己的意义，又或者只是走进了错误的环境里，还错以为现在所处的环境就是整个世界。

直到你迈出一步，两步，三步……才知道世界何其广阔。

哪里都可能有你的天地。

退一万步讲，哪怕被整个世界亏待，你也不可以亏待你自己。

第七章

DIQIZHANG

将来的你，会感谢现在吃苦的自己

留不住青春，却能做最好的自己

你有你的泥沼。我有我的泥沼。我们都是在生活的泥沼里仰望蓝天，一步步接近更好的未来，不是吗？

你的来信

亲爱的旧友：

你还好吗？

看到这句话，我知道你可能又要皱眉撇嘴了。

你从来都讨厌寒暄客套，有时和熟人在路上遇到，熟人寒暄几句，问你去哪儿，吃饭没，最近好不好，你都会像傻瓜一样站在路边，认认真真思考你打算去哪儿，是刚吃过早饭还是午饭，最近到底是活得好还是不好。

其实你也知道，别人只是随口一问罢了。

你一直是一个认真过头的女孩子，思考的时候永远眉头紧拧，好像这场人生是一个解不开的难题。这样的你，当然把握不好寒暄客套的度，也不知道如何恰当地应对，所以你对此讨厌极了。你问我，人们为什么要浪费生命来说这些客套话？

后来你听人说，芬兰人私人空间大得出奇，他们从来不寒暄，当他们问别人最近好不好时，那是在期待真诚而有分量的回答，而不是随口一问，实际上并不关心你到底好还是不好。

你开心极了，特意说给我听，感叹说这真是个理想的国度，并说以后你想去那里终老一生。我很不识相地给你泼冷水：芬兰的冬天，早上刚起床，天就快黑了，在那里待久了很容易抑郁，而且那里剪头发贵得要命，你这么爱美的人，天天都要去美发店做保养的人，很快就会破产的。

你当然知道我是故意在损你，所以你并不介意。在我们相识的日子里，我们的关系一直都是这样的，损友。

所以，我怎么会和你客套寒暄呢？那句"你还好吗"，真的是我在和你分别这么多年后，最想问的一句话。

那个时候我们多年轻啊，脸上的痘痘刚刚冒出来，一颗又一颗，总也不平息，看着隔壁班班花吹弹可破的皮肤，觉得自己像只丑小鸭，把刘海留长，遮住额头，弓着背低着头走路，其实是很爱美的，却爱美到自惭形秽的地步。

但如今回想起来，竟觉得那些痘痘也是美好的，一颗颗饱满清新，像清晨雨露的新鲜气息，像我们刚刚绽开的青春放肆的气息。

未来那么远，那么长，仿佛永远都不会到来，也永远都不会结束。

唯有青春，灼灼盛放。

我们一起上学放学，一起读书自习泡图书馆，一起去跑步，一起逛街，偷偷买化妆品学化妆，互相毒舌点评对方喜欢的男生，互相陪对方去看偶像的演唱会，甚至还曾经一起离家出走，在大街上夜游好几个小时之后，因为实在太害怕，最后只好各自灰溜溜地回家。

我记得那时我生病请假，从不爱记笔记的你，居然认认真真做了好几天的笔记，递给我时，还故意装出一副不耐烦的表情；我被老师叫到走廊上说教那次，你在老师身后冲我做鬼脸，逗我开心，后来被老师发现，也一起挨了骂；我喜欢的男生交了女朋友时，你陪着我一起骂他，说他没眼光，诅咒他们早点分手，甚至还在给楼下花坛浇水时，故意手一滑，浇了他俩一身。

现在，还有谁会陪我做那么多事，还有谁会为我做那么多事呢？

我们都长成了更忙碌、更自私、更焦躁、更不耐烦的大人。

不对，从更早的时候开始，我就已经是忙碌、自私、焦躁、不耐烦的大人了。

知道两个人考上同一所大学的时候，我们多开心啊，热死人的天气里，开心地跑出去买最喜欢的冰激凌，各自举着，像喝酒一样碰杯。

都以为能够一直一直在一起，直到当上彼此孩子的干妈，直到有一天老了，还能手挽手一起去逛街。

谁知道只是专业不一样，只是各自的交际圈不一样，就那么轻易地疏远了呢？在食堂里偶遇时，我连你什么时候爱上吃番茄鸡蛋都不知道，因为你以前完全不碰番茄的啊。

当然不能怪你，因为我的大学四年真是忙得不可开交，学生会，校报，打工，修双学位，实习，找工作，还抽时间谈了场恋爱，唯独没有时间和你联系，交谈，哪怕只是在校内网上留个言。

回过头来，才知道我们已经像郭敬明说的："那些以前说着永不分离的人，早已经散落在天涯了。"

还记得吗？那是我们一起读过的郭敬明。

现在，我在大城市安家，买了车，房子刚刚付了首付，和男朋友开始谈婚论嫁，在一家不错的跨国企业，有一份不错的工作，未来看起来充满希望。我却总是忍不住回望过去，回望和你一起度过的青春，所有的细节都在回忆里越来越清晰，我不知道自己错失了什么，但我知道，我很想念你。

直到最近，我才得知你的大学四年过得相当不顺，父亲生病，学业荒废了半年，为了就近照顾父母，不能离开家乡，找工作很艰难，就连恋爱都不顺。你过得那么灰暗，我却不在你身边，连一点关心你的念头都没有，有时想起来要联系你，又觉得你大概已经交上了新的朋友，有了新的爱好和圈子。明明是自己害怕面对你无话可说，却给自己找一个高明的借口，说服自己不要去打扰你。

此时的我，仍然不敢直接去找你，只敢给你从前的邮箱发了这样一封信。

心里盼着你还在用这个邮箱，却也盼着你永远也不会看到。

很狡猾，对吧？

这么多年过去了，我也只能说一句：对不起。

只能问一句：你还好吗？

我的回信

亲爱的朋友：

我很好。

真的很好。

你知道我不喜欢寒暄，不喜欢说客气话，也不会在别人问"How are you？"（你好吗）时，不走脑子随口答一句"Fine，Thank you，And you？"（很好，谢谢，你呢？）

所以，我是真的在认真思考过后，才回答你，我真的很好。

是啊，这么多年过去了。

足以改变一切了。

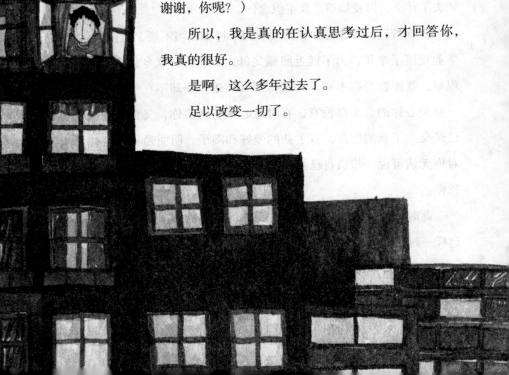

科学家说，人身上的细胞 7 年会全部更新一遍。所以是不是可以理解为，每过 7 年，我们都会新生一遍？

　　你看，我现在已经新生了。

　　父亲的病早就好了，他现在健康得很。我荒废的学业在大四之前补上了，顺顺利利毕了业。刚毕业，我靠熟人关系在家乡找到一份薪资还不错，但和我的专业完全无关的工作，做得很不开心，看不到未来，但现在，我已经去了另一个城市，找到一个适合自己的职业舞台，发展得还不错，买了房子，把父母也接过来了。就连当初不顺的恋爱，今天也重生了，变得更好的我，已经遇到了更好的人。

　　大学四年，的确是我人生里最灰暗的时期。那时，你就在离我不远的地方，我却好似孤身一人，艰难跋涉。所以，你为此自责、悔恨。

　　但实际上，你根本不用自责，因为当时我的身边还有其他人在，我新交的朋友，宿舍的姐妹，甚至系里比我大不了几岁的年轻辅导员，都对我很好很好，他们帮助我，鼓励我，为我加油打气，陪伴我，温暖我，和我一起度过那段难过的日子。

我说我是孤身一人，艰难跋涉，是因为，即使再多的人在我身边，我也只能独自面对人生。你，我，我们所有人，都是这样的。你有你的泥沼。我有我的泥沼。我们都是在生活的泥沼里仰望蓝天，一步步接近更好的未来，不是吗？

所以，你何必自责呢？

不如我也用一句郭敬明的话回答你吧，我们那时一起读过的话："假如有一天我们不在一起了，也要像在一起一样。"

你的信里，提到我对你的好。但你知道吗？其实你对我更好。

那时我生病，爸妈都去上班了，只剩我一个人在家，你居然跷了课，专门来陪我，给我熬粥，为我做冰袋放在额头上降温；我和男生打架被教导主任抓包的那次，你身为学生会干部，为我挺身而出，说打架的人也有你在内，你愿意和我一起挨罚，最终逼得教导主任不了了之；我喜欢的男生拒绝我的表白时，你也陪我一起骂他没眼光，诅咒他以后都交不到女朋友。

你看，我们记得的，一直都是彼此的好。

这样多好。

我们曾经共有过最美好的青春，此后的疏远，不过是缘分、命运，或者说时机使然。你我都无能为力。

每一种青春最后都会苍老，只是我希望记忆里的你一直都好。

这是我一直喜欢的一句话。

送给你。

也送给我自己。

把自己的日子过漂亮

你假如是白昼，又何必非要知道夜色之深？不如只欣赏自己绽放的耀眼光芒。就让每个人都只在自己的故事里绽放吧。

我曾经听说过几个与你有关的故事。

只是与你有关而已，在这些故事里，你不是主角，而是配角。

如果把你比作一朵花，那么你并没有在许多人的注视下，开在三月烟雨里，败在暮春黄昏后，整个世界都是你的背景，唯有你的存在，如此真实鲜明，赚足人们的欣喜和欢笑，伤怀与眼泪。

是的，你并没有。你只是开在别人盛大的故事背景里，静静地开，静静地谢了，来过，又走了，有人看到了，有人没有看到，有人记了一生，有人转瞬即忘。

这都很寻常。因为你只是你自己的主角。每个人，都只能是自己的主角。

可惜这道理你领悟得很晚。

第一个故事

她是你的好朋友之一。

你却是她人生第一个好朋友。

此前她当然有过很多朋友，从小一起长大的发小儿，小学、初中、高中的玩伴，在网上聊得来的朋友，旅行时结交的朋友，但只有到大学与你相遇相识，她才觉得自己的人生里第一次有了好朋友。

在她心中，朋友和好朋友的概念相差了何止十万八千里。

她不会对朋友说自己羞耻的糗事，不会和朋友倾诉幼稚的梦想，不会告诉朋友她曾经为暗恋的人犯过多少傻。

但她会告诉你。

你问过原因。她说，她觉得你懂她。

是的，在她心目中，你们是彼此的知己。

知己这种感觉很难说，同寝室4个人，她就只喜欢和你玩，只有在面对你时，才有说不完的话，只有和你在学校后门把酒言欢，才觉得痛快。

但她几乎是带着悔恨在诉说这个故事：不食人间烟火的知己，在青葱校园里尚且可以维持纯粹，一沾染现实，就一败涂地。

毕业前，她抢了你的男友。

真的不是故意的。是你的男友追的她，而她觉得，无论如何，爱一个人是没有错的，她在你面前哭泣，真的对不起，对不起……

你气得直哆嗦，打了她一个耳光。

毕业后，你们断了联系。

现在，她后悔得不得了，恨自己当时鬼迷心窍。如果再给她一个选择的机会，她说她一定会选择一辈子的友情，而不会选择一场转眼成空的糟糕爱情。

可是，谁知道呢。

每个人都只是在当下那一刻做出了自以为正确的决定。那一刻过去了，就永远地过去了。没有重来的可能。

第二个故事

他是你的第一任男友。

你却不是他的第一任女友。

是谁说过，这个世界上从来没有对等的爱。

有时，你喜欢他，他不喜欢你。有时，他喜欢你，你不喜欢他。还有些时候，你们两情相悦了，付出的感情却不对等，你全情投入，一心一意，他却边爱边退，要么沉浸在上一段失败的恋情里无法自拔，要么视线里还有除你之外的其他女孩，流连不去。

你和他就是如此。

他说，他决定和你在一起的时候，真的是下了决心要对你好。

在每一个节日陪你一起过，送你礼物，每天都会和你发短信，关心你，照顾你，为你做一切男朋友该为女朋友做的事。

可是，怎么办呢？夜里说梦话，他叫的不是你的名字。走在大街上，他眼神留意的女生类型，永远是像初恋女友那样长发飘飘、长相清纯的女孩。他忘不了她。那个曾经无情甩了他的女孩。

大四的时候，你留起了长发，黑色的直发，走动时随风轻扬。他忽然觉得无法和你在一起了。你长发飘飘、抿着嘴不说话的样子，太像他的初恋了。他受不了。

追你的好朋友，纯粹是巧合。他说，只是恰好她离得最近，而她恰好又是短发女孩。

他当时脑中所想，只是想要迅速地远离你，最好是用你无法接受的方式。

果然，你当时什么也没说，就离开了他的视线。

六月毕业季以后，你们再未相见。

如今，他再想起你，只记得起一个模糊的影子。

这样的男人，心里记得最清楚的，总是那个曾一度得到又永远失去的初恋。唯有初恋，是记忆里最初的美好，此后谁也不能取代。

第三个故事

他们是你的父母。

你是他们唯一的女儿。

他们曾经一度认为，自己是世界上最好的父母，而你是世界上最好的女儿。

你们不像很多别的家庭，父母是父母，儿女是儿女，你们没有隔阂，亲密得好像朋友，知己，你们几乎无话不谈，他们那一代人过去的故事，他们的烦恼，你都会认真听，而你喜欢的流行音乐，你在学校的见闻，甚至你的心事，他们也都会用心倾听。

你们一起去旅行，一起去新开的餐厅尝鲜，一起去江边散步看夜景，甚至你有了暗恋的男生，他们也不像别的家长那样反对早恋，而是会光明正大地给你分析，为你鼓劲。

多好的家庭。

直到你的叛逆期来临，才给这个完美的家庭蒙上了阴影。

他们说，你的叛逆期来得很晚。不像别的孩子，都是在青春期的时候。你是大学毕业后，才开始叛逆的。

本来，他们打算和你一起商量。没错，是商量。他们并不打算干涉你的职业选择，对你的人生规划指手画脚，他们只是想要用自己的阅历和经验，为你提供一点小小的参考。毕竟，从小到大，关于你的任何事情，都是一家人商量决定的。

他们自认为真的是很好的父母，从来不逼迫你做任何事。

谁知道，你完全不和他们商量，就一个人申请到去国外当交换教师的机会，而且去的是远在非洲的一个很小的国家。

这是怎么回事？他们一下子有点懵。

你办好一切手续，抵达目的地，才给他们打电话，让他们不要担心。

他们怎么可能不担心呢？

但也没有办法。只好等你一年交换期到期回国，再和你谈。

让他们没料到的是，你回了国，又马不停蹄地去了上海，在

那边当了一名翻译。从此在世界各地飞来飞去，极少回家。

你的父母这次是真的伤了心。

他们仍然一起去旅行，一起去新开的餐厅尝鲜，一起去江边散步看夜景，但他们有时坐在家里，面面相觑，会想着："我们做错什么了？为什么女儿会变成这样？变得这样冷漠，决绝，离我们这样远？"

听完这三个故事，我发现自己根本拼凑不出你的模样。

每个故事都与你有关，可是每个人在讲述的时候，都是在说自己。

要是从前，你大概会说，人都是自私的。但现在，你只会说，你可以理解。若你来讲述这三个故事，当然也只会说自己。

每个人，不管和你多么亲近，都只能活自己的这一场人生，不是么？

谁也不能代替谁，连一丁点感受都不能。

所以你现在知道，从前的你，真是大错特错。

你告诉我，在第一个故事里，你的好朋友说出那句"你懂我"的时候，你真的很感动，你想着，一定要成为世界上最懂她的人。

她喜欢看电影，所以你也看电影，而且基本只看她看过的电影，为的是某一天她和你聊起来，你可以对答如流，还能说出合她心意的回答；她喜欢在有风的时候站在阳台上发呆，喜欢在有云的日子里躺在草地上听音乐，喜欢在有星星的夜晚去操场散步，你都陪着她，并且能够在每一个合适的时机，背诵几句她喜欢的诗；她有一个幼稚的梦想，告诉了你，于是你去查阅一切和这个梦想有关的资料，了解这个领域的所有动态，为的是有一天可以成为她梦想的助力。

没错，你们是知己。你当然懂她。哪怕全世界背叛她，反对她，你都会站在她身边，说一句"我懂你"。

结果，你只看到一个你再也看不懂的她，挽着你的男友，出双人对。看到她来跟你说对不起，眼神里却没有一丝悔意。

在第二个故事里，你原本也以为你和他是两情相悦，但你也逐渐看出来了，他对你多少有些心不在焉，那阵子，恰好你第一次听说了他初恋女友的故事。你那么爱他，当然愿意为了他而改变，你想，哪怕只是替身也好啊，只要他愿意把视线停留在你身上。

于是，你开始蓄起长发。你的头发长得很慢，发质也不好，整整两年的时间，你花了多少时间来打理，费了多少心思来保养，才养出一头黑亮的长发。你知道他的初恋女友是冷美人，所以你也故意减少了表情，尽量冷着一张脸。

结果，他为了从你身边逃走，不惜追求你的好朋友。那个时候你还天真地想，怎么会是她呢？她明明和他的初恋一点都不像啊。

在第三个故事里，你起初也觉得，你的父母是天底下最好的父母。别人的父母都骂人，你的父母从来也不凶你，永远温言软语，问你的意见。别人的父母都说一不二，不和小孩子讲理，你的父母却永远耐心地和你说话，哪怕你的话再幼稚，他们也不会嘲笑你。

你是真心想要成为他们心目中最好的女儿，温柔，善良，优雅，有教养，聪明，讲道理，喜欢旅行和散步，你走在他们中间，挽着他们，得体地微笑，你是他们这辈子最大的骄傲。

等到你终于发现你的错误时，你已经失去了最起码的自由。

考大学时，你想考你一直很感兴趣的新闻系，你想当一名记者，父母却觉得你不太适合，当记者太辛苦了，而且这个职业很不安定，压力也大，他们轻声细语地建议你，是不是学英语更好一些？毕竟，接下来的时代，英语很重要，学好了总没有坏处。你觉得呢？

每一次，他们和你商量一件事，最后总会说一句"你觉得呢"，然后以殷切又亲和的目光注视着你，仿佛早已知晓你无法拒绝。

你当然无法拒绝。你是他们心目中最好的女儿啊。

所以每一次你都点头说好。这一次也不例外。

直到毕业时，你才终于第一次违背了父母。因为好朋友和男友的背叛终于让你意识到，你错了。错在总想成为别人故事里的主角，满足别人的期待，却把真实的自己抛弃在一旁，不去理会。

结果，你得到的只是几个配角的角色，从没有当过主角。你绽放在他人的故事里，成了炮灰，却从未在自己的故事里绽放出美好的自己，从未以主角的身份，在任何一次绽放里摇曳生姿，美得不可替代。

你告诉我，此后你只会在自己的故事里绽放。

不会再为任何人，演绎出一个虚假的、连自己都讨厌的你。

村上春树说："白昼之光，岂知夜色之深。"很像《白天不懂夜的黑》唱出的那种隔阂和无奈。但假如你是白昼，又何必非要知道夜色之深？不如只欣赏自己绽放的耀眼光芒。

就让每个人都只在自己的故事里绽放吧。

这样的世界或许才更美好。

祝福你。

我与完美只差一个你

人生路漫漫，大多数时候都要自己一个人一步一步走完。终有一日，我们都会理解这个事实——所有的人都会离开你，就像你总有一天会离开所有人。

第一人

她是单亲家庭长大的孩子。

很小的时候，父母离婚，母亲改嫁给自己的情人，她跟了父亲。虽说是单亲家庭，但她觉得自己过得很幸福，她和父亲感情很好，父亲做生意做得风生水起，再忙也会抽出时间陪她，而她从小就聪明，学习好，又多才多艺，是父亲的骄傲。

高中毕业，父亲送她出国留学。她舍不得离开，留在国内读书不是一样？父亲却很坚持，"出去看一看世界，扩大眼界胸怀，对你将来有好处。"又说，"趁现在我还有能力……"。

她不忍再反对，一个人拎着行李去了异国。刚开始她完全不适应，因为想家，哭过好多次，慢慢地就变得坚强起来，独自做很多事，努力交朋友，在越洋电话里和父亲眉飞色舞描绘留学生活，父亲很高兴，许诺等她毕业带她去旅行，"你想去哪儿，咱们就去哪儿！"

很快她毕业了，父女俩却没有去旅行。她当时非常憧憬另一所大学的某位教授，想进他的研究室，忙着应付好几场重要的考试和面试，而父亲的生意也更忙了，结果旅行的事不了了之。

等到她终于拿到研究生名额，稍稍有了些空闲，父亲却病倒了。她心急如焚地回国，才知道是绝症。

她半天回不过神来，一个人躲在医院的厕所里哭，向所有神明祈祷，希望时光倒流，父亲永远年轻，而自己永远是个还没长大的孩子。

神明当然不会回应她的愿望。没过多久，父亲去世。她心力交瘁地处理完后事，卖掉父亲名下的几家店，索性连房子都卖了，独自回到大学。

既然父亲都不在了，再回国也没有意义。她下定决心，要在异国扎根。

　　此后，她拿到学位，顺利签到一份不错的工作，结婚生子，在郊外买下自己的独栋房子，事业稳步前进，家庭幸福美满，终于在异国安定下来。

　　有时候，她开车穿过繁华的街道，会想起去世的父亲，想起当年父亲说的话，要她出去看一看世界。

　　时间呼啸着向前，她已经看过这个世界的许多风景，今天也还在继续前行迈向未来，却把父亲永远抛在了身后。

　　她忽然想要完成一场迟到的纪念。

　　带着父亲的照片，她请了长假，踏上了旅途。去每一个曾经设想和父亲一起去的地方，在巴黎的埃菲尔铁塔下，在伦敦特拉法尔加广场的鸽群中，在巴塞罗那的海港夕阳里，她抱着父亲的照片，留下一张张合影，在心底默默告诉天国的父亲，我们来过这里。

　　她将这些照片集结起来，以"我和父亲的旅行"为名，传到社交账号上，引来数以万计的点赞和评论。一位刚刚失去父亲的女孩在照片下面留言："这已是最好的纪念。"

　　她看了，泣不成声。

　　父亲，当年在你怀中的小女孩，已经长成一个美丽、强大、幸福的女人。她参加行业盛会，可以在数千人面前侃侃发言，她有一个温柔的丈夫，一家四口常常去海边度假，即使你不在，她也可以独自应对这个冷酷又温暖的世界，独力承担得失生死。但这一路的波折，悲喜，成就，幸福，你若可以见证，该有多好。

你若还在，该有多好。

第二人

瑟琳娜是某著名时尚杂志总编，像电影《穿 Prada 的女王》中梅丽尔·斯特里普饰演的时尚女魔头一样，气场强大，直觉敏锐，强势得没边。

刚进杂志社时，她可不是这样。当时她只是个小小的助理，任人使唤，也任人责骂。和她同期招进来的戴西，也是助理，却比她聪明得多，工作完成得好，又会讨人喜欢，挨骂也少得多。

虽然境遇相差很多，两人却很要好。手牵手一起去吃甜品，逛时尚品牌店，买衣服化妆品，为对方选择搭配款式，恋爱时互相瞎出主意。聊及职业理想，她们都会说起那个穿 Prada 的时尚女魔头，无限神往，两人约定，要像女魔头那样，成为纵横时尚圈的大人物，以后还要携手创立属于自己的时尚品牌。

戴西对她好，她做事有点笨手笨脚，戴西就经常不着痕迹地帮把手，她生病时，戴西就给她煮好喝的蔬菜粥，她不会照顾人，就经常攒钱请戴西吃大餐。在学生时代没有找到的好朋友，在职场上找到了，瑟琳娜很开心。

助理的工作做得不够好，瑟琳娜的策划才能却很出彩，偶然的一次机会，杂志社打算做一个系列，邀请一些明星来做专访，开会时，瑟琳娜鼓足勇气谈了一些自己的想法和创意，居然引起了总编的兴趣，当即破格让她加入负责这个系列的编辑组，出一个具体的策划案。

瑟琳娜一步步绽放光彩，等到她开始独立负责一个栏目，并将它打造成杂志最受欢迎的栏目时，戴西仍然是一个助理。一起去吃甜品，一起去逛街，忽然变成一件艰难的事了。戴西开始躲着她。

终于，戴西草辞职。临走时，她给瑟琳娜发了一条信息：对不起，我无法控制自己不去嫉妒你，我讨厌这样的自己。再见。

她们从此失散于人海。

现在的瑟琳娜，穿着名牌出入各种时尚典礼或晚宴，交际场上八面玲珑，工作起来雷厉风行，早已不是当年笨手笨脚的模样。她常常想起当年那个对她那么好、和她一起畅谈理想的女孩。

世事弄人，偏偏是这个和她有着相同理想的女孩，无法见证她的成功。

是的，喜悦无法共享，悲伤无法分担，梦想是注定孤独的旅程。

但你若还在，该有多好。

第三人

台湾一位话剧导演，前半生忙于组建剧团，写剧本，拉投资，四处巡演，年过半百才结婚生子。一次参加电视节目，台下有人问他，您有没有想过，自己很可能看不到儿子长大成人，有可能他的毕业典礼、结婚典礼都不能参加，您不觉得遗憾吗？

导演笑了，说，你觉得我会遗憾，那是因为你觉得这世上大多数人都能亲眼看着儿女长大，那我问你，假如我在这世上是一个孤岛，没有其他可以比较的人，你还觉得我遗憾吗？我们为什么要拿自己的人生和别人相比呢，每个人都是在活他自己的人生。我可以回答你刚才的问题，我这一辈子，一直都在做我想做的事，我没有任何遗憾。

他一定也会这样告诉他的儿子：每个人都是在活自己的人生。我若不在，相信你也会很好。

这个世界上，多的是遗憾。子欲养而亲不待，是遗憾；还未道别就已离散，是遗憾。很多时候，你只能眼睁睁看着曾经拥有的被时光席卷而去，纵然千百次回过头去，也无从挽回。

还有一种更无言的遗憾，叫"不在场"。

成长的过程无人见证；你哭，笑，悲，喜，没人看见；你站在人前万众瞩目，最重要的那个人却不在场。

于是你慢慢明白，你努力活着，你说话，哭，笑，为谁付出，你成长，奋斗，爱一个人，无非是想要被看见。

小时候，只要有爸妈看着你，你就敢去探索这个庞大而陌生的世界；长大后，朋友、爱人看着你，你就敢去闯荡，追梦，就敢献出你的全部爱意。哪怕等待你的是伤害也没关系，因为受了伤也会被看见。

有那个人在场，你说什么，做什么，你的勇敢和坚强就都有了意义。

可是人生路漫漫，大多数时候都要自己一个人一步一步走完。

就像龙应台所写，有些事，只能一个人做；有些关，只能一个人过；有些路啊，只能一个人走。

终有一日，我们都会理解这个事实——所有的人都会离开你，就像你总有一天会离开所有人。

所以，面对离散，可以尽情地不舍，流泪，在心中种下永不消失的遗憾。

但最后仍要心存感激，挥手道别。

就像那位台湾导演说的：每个人都是在活自己的人生。

你若在场，我的世界会更好。

不过请放心，你若不在，我一个人也会好好活。

生命的恩赐，也许不是繁花似锦

假如你真的走上了平凡之路，那一定不是选择，而是你走过璀璨之路和荆棘之路以后，再必然不过的抵达。

朴树沉寂 10 年之后的新歌《平凡之路》在网络上发布，点击量超过百万时，正是我一位忘年交友人抑郁症宣告暂时治愈的时候。

之所以说暂时治愈，是因为谁也不知道什么时候会再次复发。

当时她听了这首歌，也听了许多人的议论评说，到最后却只说了一句："这首歌，得过抑郁症的人自然听得懂。"

言下之意，除此之外的诸多解说，都是各自的牵强附会？

不是的。她说，其他人说的当然也是对的，在 10 年前的"生如夏花"之后，如今的朴树已经只想要走一条"平凡之路"，可是，这首歌里的某些东西，无法确切形容出来的某些微妙感受，她相信只有抑郁症患者才懂。

据说朴树淡出的 10 年间，有好几年都被严重的抑郁症折磨着。

如今，他在走出那场折磨之后，用异常平淡的声音唱着："我曾经毁了我的一切，只想永远地离开；我曾经堕入无边黑暗，想挣扎无法自拔。"

或许真的像友人所说，这并非仅仅是在说梦想的破碎，青春的失落，也是在描述抑郁症发作时内心所感受到的绝望和黑暗。

友人的抑郁症，由来已久。

第一次发作是她 30 岁那年，母亲的去世。

她当时在外地工作，接到母亲病重的电话，连夜往家赶。

赶到医院时，母亲坐在病床上，笑着和她打招呼，脸色也还好。她松了一口气，随后和父亲细聊，才知道母亲的病情已是晚期，医生预言寿命不过半年。父亲一米八的硬汉，泪如雨下。

"你妈妈还不知道……"

她搂过父亲，轻抚着他的肩膀，强忍着没有落泪。

不出三个月，母亲病逝。她忙前忙后办葬礼，来不及伤心，也来不及回忆往事。父亲失去母亲，几乎一蹶不振，她一边照顾父亲，一边处理各种琐事，还要匀出心思来兼顾外地的工作。

等到她终于安顿好了一切，工作重新步入正轨，把父亲接到她所在的城市，已是半年之后。

逝去的人已经逝去，活着的人生活还得继续。这样的道理她当然懂。她比过去更努力地工作，仿佛是为了让天国的母亲安心，她比以前更努力成为一个优秀的女人，甚至交到了一个更优秀的男友，仿佛是为了弥补命运从她身上夺走的幸福。

崩溃来得毫无预兆。

某天下班回家，父亲出去散步了，她直接去浴室洗澡。温度调得刚刚好，热水淋在身上，却毫无毛孔张开的舒服感觉。她觉得自己像是一截木头站在喷头下，全身僵硬，失去了知觉，胸口有一团黑色的荫翳慢慢扩散，巨大的绝望笼罩过来，让她无法动弹。她忽然想，人生有什么意义，工作、努力、赚钱、结婚生子，这一切到底有什么意义？

很奇怪，忽然就再也找不到振作起来的理由。

第二天早上，起不来，不想去上班。接着第三天，第四天，很快，她失去了工作，失去了男友，父亲开始为她担心，带她去医院，诊断结果出来：抑郁症。

吃药，心理辅导治疗，药产生副作用，再吃药治疗副作用，病情稍稍好一点，减少治疗次数，病情加重，增加治疗次数——很长一段时间，她就在这种治疗里反复折腾。

在状态好的时候，她自己说："真的很奇怪，你看，此时此刻，我知道这个世界有美好的一面，知道自己身体健康，各个部位运转正常，知道活着本身就是一种很美妙的体验，但发病的时候，就是振作不起来，就是看不到哪怕一丁点希望。"

在此之前，她是外企一位优秀能干的高级经理，刚刚升职，有了外派出国的机会，而她的男友在外资银行工作，两个人都才貌双全，眼看着就这么走下去，人生肯定会走向一个童话般的结局。

然后，她得了病，工作丢了，男友丢了，自己整天窝在家里生着病吃着药，不知何时才是尽头，让人看了唏嘘不已。

但她到底还是走到了尽头。

走出来的契机同样来得突然。

那天她状态还好，忽然很想一个人去爬山。

刚走到山下，她就开始满心绝望。

怎么办呢？到底爬还是不爬？想着想着，脚步已经不知不觉往前迈出了。中途很多次，她都很想停下来，从山上滚下去，但她没有停下来，就这么麻木机械地往前走了许久，终于到了山顶。

风景美得令人窒息，她却完全无心欣赏。脑子里一遍遍想着等下要一步步下山，要站在路边打车，要打开车门，坐车，告诉司机目的地，给钱，推开门，下车，走进家门……

太麻烦了，等下真的可以完成这么麻烦的事情吗？要不还是不要下山了，就站在这里，站一辈子算了……

她在绝望里看不到尽头，直到天空飘下第一片雪花。

居然下雪了。还没到季节呢。

她吃惊地看向灰蒙蒙的天空，雪不断往下掉落，将周围的声音一点点吸收干净，无声的世界里，雪下得大而安静。

地面很快积了薄薄一层，未被踩踏过的新雪，看起来格外柔软。她听到旁边一个小女孩惊呼一声，然后拉着妈妈的手在雪地里又蹦又跳。见她在一旁发愣，小女孩又跑过来牵起她的手。

那个下午，她跟着一个孩子又笑又唱又跳，仿佛回到了小时候。

这一场大雪纷纷扬扬，像是下在她心里，明明是冰凉的，却那么温暖。

她忽然毫无来由地相信，一切都会好起来的。

如今，她做着一份笔译工作，收入不高，当然也不必高强度的工作。

不再逼迫自己变得更优秀。只是告诉自己，无所谓，怎样都好。

她想，这一场抑郁症的折磨或许是在提醒她，是时候换一种态度面对人生了。

从前她是个工作狂，投入起来简直不要命，年轻的时候，当然没问题，但如果一直这么下去，大概很可能在 35 岁的某一天因加班而猝死吧。

人生大概只会在看过一种风景之后仓促结束。

而此时她见到的风景，很缓慢。不算好。未来也如一团迷雾，看不清楚。但她很享受这种平凡安然的状态。

不是假装无欲无求，假装心如止水，而是真的觉得享受。

今日再听《平凡之路》，她明白了一个道理，从生如夏花，到毁了自己的一切，堕入无边黑暗，再到平凡之路的回归，这并非一种选择，而是一种必然。

你不能在像夏花一样绚烂地活过之前选择平凡，这样的平凡，只是平庸。

你也不能在经历黑暗和毁灭之前选择平凡，这样的平凡，只是逃避。

假如你真的走上了平凡之路，那一定不是选择，而是你走过璀璨之路和荆棘之路以后，再必然不过的抵达。